中国枫香病虫害

何学友　潘爱芳　主编

Pests of Sweetgum in China

中国林业出版社
CFPH China Forestry Publishing House

图书在版编目（CIP）数据

中国枫香病虫害 / 何学友，潘爱芳主编．-- 北京 ：
中国林业出版社，2018.9
ISBN 978-7-5038-9737-5

Ⅰ．①中… Ⅱ．①何… ②潘… Ⅲ．①枫香－病虫害
防治－中国 Ⅳ．①S763.729.9

中国版本图书馆CIP数据核字（2018）第213255号

中国林业出版社·生态保护出版中心
策划编辑：刘家玲
责任编辑：刘家玲　宋博洋

出版发行　中国林业出版社
　　　　　（北京市西城区德内大街刘海胡同7号　100009）
电　　话　（010）83143519
制　　版　北京美光设计制版有限公司
印　　刷　固安京平诚乾印刷有限公司
版　　次　2018年11月第1版
印　　次　2018年11月第1版
开　　本　787mm×1092mm　1/16
印　　张　12.5
字　　数　275千字
定　　价　200.00元

《中国枫香病虫害》
Pests of Sweetgum in China

主　　编:
Chief Editor
何学友　潘爱芳
He Xueyou　Pan Aifang

副 主 编:
Associate Editor
蔡守平　黄以平　胡红莉　李 猷
Cai Shouping　Huang Yiping
Hu Hongli　Li You
张少青　连巧霞　曾丽琼　钟景辉
Zhang Shaoqing　Lian Qiaoxia
Zeng Liqiong　Zhong Jinghui

参加编著人员（按汉语拼音顺序）:

蔡金标　陈德兰　陈国瑞　陈红梅　陈庆敏
陈　伟　陈卫东　陈文玉　陈昭彰　陈志平
丁　珌　黄炳荣　黄金水　黄声集　黄素兰
黄文玲　林　钧　刘建波　卢世明　罗　德
罗建明　施丹阳　宋海天　檀庆忠　王玲萍
王雪梅　吴培衍　吴清荣　吴永辉　谢美崇
熊　瑜　杨　希　杨笑如　尹丽钦　游云飞
詹祖仁　张文元　张晓萍　郑　宏　朱雨行

前言 Preface

枫香是优美的观赏红叶树种之一，入秋后其叶变红，鲜艳夺目，观赏价值极佳。枫香不但好看，其用途也十分广泛，是重要的用材与工业原料林树种，且全株均可入药。20世纪90年代以来，在热带、亚热带地区改针叶林发展速生阔叶丰产林，以及在园林绿化建设中逐渐由单纯的绿化向彩化、香化、美化方向发展的大背景推进下，枫香常被用作造林绿化树种广泛种植。发展枫香树种，既是改善生态环境的需要，也是开发旅游产业的需要，有着良好的社会效益、生态效益和经济效益。

随着枫香种植规模的不断扩大，其病虫害的问题逐渐凸显出来。近年来，已在我国多地局部发生较为严重的病虫害，影响了枫香的观赏价值与健康生长。但前人对于枫香病虫害的研究很少。为此，编者基于多年的实践经验和近年来的调查研究成果，编著了《中国枫香病虫害》一书。本书记载了六类枫香病害、5个目24个科54种枫香害虫，书中以图文并茂的形式记述了这些病虫的寄主、形态特征、生物学特性以及不同类群的防治方法等，知识要点一目了然、形象直观，有助于读者按图索骥，快速识别不同种类的病虫，在生产中可根据实际发生情况采取相应的技术措施进行防治。由于物种之间的协同进化，少量病虫并不一定对植物造成伤害，亦即并非枫香上一出现病虫就要防治，只有可能爆发成灾时才需要采取措施。书中病害照片由福建农林大学胡红莉博士提供，小蠹虫照片由佛罗里达大学李猷博士提供，其他照片由福建省林业科学研究院何学友博士提供。

本书主要是在“枫香害虫调查及主要害虫综合防治技术研究”（闽科计[2016]9号，项目编号2016N0011）、“枫香主要病虫害防治研究”（闽林科[2016]3号）等项目的研究基础上编写而成。在编著过程中，得到了许多领导、老师、同行和朋友们的无私帮助。福建省林业科学研究院、福州植物园提供了良好的研究环境；在工作中，福建省林业有害生物防治检疫局、福建省武夷山市林业局（森防站）、建瓯市林业局（森防站）、霞浦县林业局（森防站）、三明市林业局（森防站）、尤溪县林业局（森防站）、明溪县林业局（森防站）、泉州市林业局（森防站）、泉州森林公园管理处、洛江区林业局（森防站）、永泰县林业局（森防站）、闽清县林业局（森防站）、新罗区林业局（森防站）、连城县林业局（森防站）、福建省顺昌洋口国有林场、永春碧卿国有林场、龙海林下国有林场、漳平五一国有林场以及河南省森林病虫害防治检疫站等单位均给予大力支持。美国农业部对香港和台湾地区调查提供支持。中国科学院动物研究所武春生研究员鉴定了部分蛾类、东北林业大学韩辉林副研究员鉴定了尾夜蛾、北京林业大学武三安教授鉴定了蚧虫、中南林业大学魏美才教授鉴定了叶蜂、福建农林大学黄晓磊教授鉴定了蚜虫。福建农林大学陈顺立教授审阅了本书。中国林业出版社刘家玲主任等在出版过程中给予精心指导和大力帮助。在此一并深致谢忱！

本书的内容主要是基于福建省范围内的调查研究结果，但由于枫香分布广泛，不同地域病虫害不尽相同，整理成书过程中仍深感研究尚浅、资料不足，尤其是病害的研究方面。希望今后和其他同仁一道进一步开展系统的调查、深入的研究，使枫香病虫害的资料日趋完善，以飨读者。

尽管我们一丝不苟，但意殷而力不能及，错误和疏漏在所难免，恳请读者批评指正。

编者

2018年6月

Sweetgum is known for its outstanding red leaf in the autumn. It can be an excellent ornamental tree with its star-shaped leaves. Sweetgum makes beautiful additions to landscapes. It is an attractive shade tree in gardens, sidewalks, parks, and streets. Sweetgum tree is also harvested for use in furniture and plywood and have various medicinal uses.

Recently, since sweetgum had continued been planted in eastern and southern China, the various pest attack sweetgum causing economic and landscaping damage are reported. Nevertheless, previous research did not provide an updated interpretation of knowledge to sweetgum in China. In this interim, the editors compiled *Pests of Sweetgum in China* which is based on field experience and investigation. This publication included six plant pathogens and 54 insect pest species. Host plant identification, pest biology and management are presented in both words and pictures. The images will guide the reader to classify, detect and control a pest that has been given priority for early detection. Usually, pest management is not necessary to apply while sporadic pests were found on sweetgum tree. Most of the figures in this book photographed by Dr. Xueyou He (Fujian Academy of Forestry Sciences). Figures of plant disease are provided by Dr. Hongli Hu (Fujian Agriculture and Forestry University). Figures of bark beetles are provided by Dr. You Li (University of Florida).

This publication was summarized from research project *Survey and Integrated Control Techniques of Sweetgum Tree Diseases and Pests* (Minkeji[2016] No.9-2016N0011 and Minlinke[2016] No.3). The editors wish to acknowledge the Fujian Academy of Forestry Sciences and Fuzhou Botanical Garden for providing excellent research environment. Additional thanks to Forest Pest Managenent and Quarantine Bureau of Fujian Province, Wuyishan Forestry Bureau, Jian'ou Forestry Bureau, Xiapu Forestry Bureau, Sanming

Forestry Bureau, Youxi Forestry Bureau, Mingxi Forestry Bureau, Quanzhou Forestry Bureau, Division of Quanzhou Forest Park Administration, Luojiang Forestry Bureau, Yongtai Forestry Bureau, Minqing Forestry Bureau, Xinluo Forestry Bureau, Liancheng Forestry Bureau, Yangkou National Forest Farm of Shunchang, Biqing National Forest Farm of Yongchun, Linxia National Forest Farm of Longhai, Wuyi National Forest Farm of Zhangping, Forest Pest Managenent and Quarantine Station of Henan Province for their field support. United States Department of Agriculture and the US Forest Service support investigation in Hongkong and Taiwan. Chunsheng Wu (Institute of Zoology, Chinese Academy of Sciences) identified Lepidoptera, Huilin Han (Northeast Forestry University) identified Euteliidae, San'an Wu (Beijing Forestry University) identified Coccoidea, Meicai Wei (Central South University of Forestry and Technology) identified *Caliroa zheminca*, Xiaolei Huang (Fujian Agriculture and Forestry University) identified Aphidoidea, Shunli Chen (Fujian Agriculture and Forestry University) reviewed the draft, and Jialing Liu (China Forestry Publishing House) support the creation of this book, for which we are grateful.

The project presented here was mostly surveyed on Chinese sweetgum *Liquidambar formosana* from Fujian Province. However, sweetgum is widely distributed in Asia and could be infested by different pests in other areas. Besides, our preliminary investigation did not represent the comprehensive research, especially plant disease. We hope that the information and illustrations in our book are valuable to foresters, garden workers, and students interested in pest of sweetgum.

Editors

June 2018

目 录
Contents

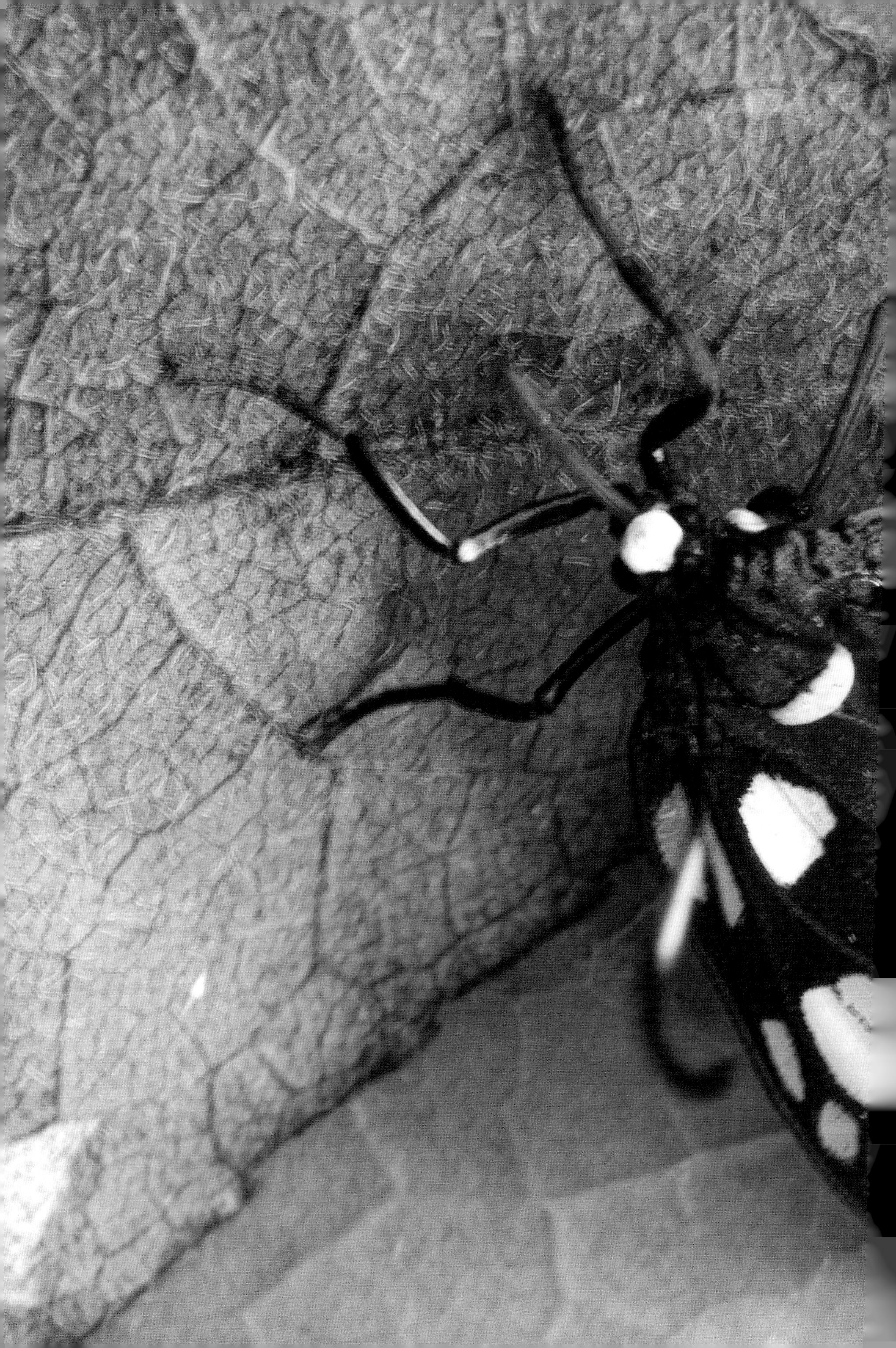

第一篇

枫香及其病虫害研究现状

第一章

枫香属植物概述

说起“枫香”，公众熟悉的莫非*Liquidambar formosana* Hance这一个种，落叶乔木，叶片形美色佳，入秋后其叶变红，有“霜叶红于二月花”的美称，属金缕梅目Hamamelidales金缕梅科Hamamelidaceae枫香（树）亚科Hamamelidaceae Harms枫香（树）属*Liquidambar* Linn.。

据文献资料记载，枫香分为原始的有花萼的枫香树组Sect. *Cathayambar*和较进化的无花萼的苏合香组Sect. *Liquidambar*两组。枫香树组有1种2变种，苏合香组共4种1变种（张志耘与路安民，1995）。中国最常见的是枫香*Liquidambar formosana* Hance，其次为山枫香*L. formosana* var. *monticola* Rehd. et Wils.和缺萼枫香*L. acalycina* H.T. Chang，北美枫香*L. styraciflua* Linn.中国也有引种栽培。

枫香*L. formosana*，树高可达30m，树皮灰褐色。产于中国秦岭及淮河以南各地，亦见于越南北部，老挝及朝鲜南部。树脂供药用，能解毒止痛，止血生肌；根、叶及果实亦可入药，有祛风除湿、通络活血功效；木材稍坚硬，可制家具及贵重商品的装箱。

山枫香*L. formosana* var. *monticola*，是枫香的一个变种，小乔木，小枝无毛。分布于中国四川、湖北、贵州、广西和广东海拔800m以上的中山地带，较为耐寒。

缺萼枫香*L. acalycina*，与枫香*L. formosana*很相似，其主要区别在于花萼齿不存或不显著，蒴果无萼齿。分布于中国广东、广西、湖北、湖南、贵州、四川、江西、福建、浙江、安徽和江苏等地。

北美枫香*L. styraciflua*，又名美国枫香、胶皮枫香，叶片革质。原产于北美，在美国东南部大量分布，是美国南部重要的经济用材和能源树种。中国引种之后，进行实生播种繁殖。

自古以来中国就有秋赏红叶的习俗，“万山红遍，层林尽染”的旖旎景观备受推崇，而枫香是红叶树种之一，且素有“荒山先锋”之称，适应性强，耐干旱瘠薄，对土壤要求不严，在天然林中能飞籽成林。20世纪90年代以来，在热带、亚热带地区改针叶林发展速生阔叶丰产林，以及在园林绿化建设中逐渐由单纯的绿化向彩化、香化、美化方向发展的大背景推进下，枫香常被用作造林绿化树种广泛种植。

枫香不但好看，其用途也十分广泛，是重要的用材与工业原料林树种。其木材纹理细致，色泽鲜艳，抗压耐腐，在干燥的地方可存放800年以上，是良好的建筑用材，有“梁阁万年枫”之称；木材韧性高，弯曲性能好，能满足大弯曲零部件的生产要求，是良好的弯曲木材树种；木材无异味，防虫耐腐，制成的板材是茶叶、干燥食品、中草药材、药品等包装箱的优质材料，是木质小件如画笔、刷柄的重要原料；木材、枝桠、锯屑均可用来培养香菇、木耳等食用菌，具有出菇率高、品质好等优点。枫香全株均可入药，枫香叶是“肠炎宁”系列中的主要药味；果实俗称“路路通”，有祛风通络、利水除湿的功效；具有“开郁豁痰，行气止痛”功能的“苏合香”，即为苏合枫香*L. orientalis* Mill所分泌的树脂经加工精制而成。北美枫香的果实是研制对抗禽流感病毒的有效原材料。枫香树脂是优良的天然香料，其香气幽雅持久，为较好的定香剂，可用于调配多种香精或液体枫脂精油。枫香树脂加牛油可作防染剂，果实也可作染料。枫香染为蜡染的一种，是一种民族民间印染工艺，2008年已入选国家级非物质文化遗产名录（秦文，2014）。此外，枫香与苗族文化有着密切的联系，历史上每一个苗寨都种有枫香，形成了“无枫不成寨，无寨不有枫”独特的村寨民族植物文化。在诸多枫林吟咏的诗词中，有相当部分是出于对枫叶之美的感叹，当人们面对万山红遍、层林尽染的枫树时，感受到的是大自然的壮美，体悟到的是丰收的喜悦。一代伟人毛泽东曾借漫山红枫挥笔写下了《沁园春·长沙》这首气势恢弘的词，并感化了不少仁人志士。

发展枫香树种，既是改善生态环境的需要，也是开发旅游产业的需要，有着良好的社会、生态和经济效益。

第二章
枫香病虫害研究现状

随着枫香种植规模的不断扩大，其病虫害的问题逐渐凸显出来，近年来，已在多地局部发生较为严重的病虫害，影响了枫香的观赏价值与健康生长，尤以食叶害虫发生为甚。但在枫香属植物资源的保护工作中特别是在其病虫害方面，相关资料还很少，在中国知网（http://www.cnki.net/）中，通过关键词“枫香＋病”和“枫香＋虫”搜索，其文献不超过20篇，且有的仅是在育苗、造林等文献中提及病虫害防治，有的文献则是笼统地记述了枫香病虫害，并未给出拉丁学名，以致读者很难判断病虫害的具体种类。编者近年来对枫香病虫害进行了较为系统的调查研究，现将研究成果进行归纳总结。

第一节
枫香病害研究现状

在美国农业部网站（htttp: //nt.ars-grin.gov/fungaldatabases/fungushost/newframeFungusHostReport.cfm）上查询可知，在枫香上报道的真菌有很多种，但是关于真菌引起的病害的研究报道却不多。由袁嗣令（1997）主编的《中国乔、灌木病害》一书中，仅在其附录一“其他乔、灌木病害”中记录了3种枫香病害的中文名、病原菌的拉丁学名和分布，分别为叶斑病［病原菌为*Cercospora liquidambaris*（分布杭州）和*Pestalotia adusta*（分布江苏、上海、浙江、江西、福建、广东）］和白粉病［病原菌为*Uncinuliella liquidambaris*（分布杭州）］。张云霞等（2005）鉴定了发生在云南昆明枫香树干腐病的病原菌为茶藨子葡萄座腔菌*Botryosphaeria ribis*。杨军和陈培昶（2008）报道了上海2004—2006年引进的大规格北美枫香上在第一个生长季溃疡病（病原菌为*Botryosphaeria dothidea*，无性型：*Fusicoccum aoesculi*）发生严重，其发病率达80%以上；李超飞等（2012）记述了枫香病害3种，分别为漆斑病、黑斑病和白粉病，并简要介绍了各病害的发生特点和防治方法，但并未明确这几种病害的病原。Braun and Cook（2012）编著的白粉菌目的分类手册中收录了3种引起枫香白粉病的白粉菌。余金良等（2014）报道了杭州西湖风景名胜区枫香古树上有2种病害的发生，为煤污病（病原菌为*Fumago* sp.）和干腐病（病原菌为*Botryosphaeria ribis*），这2种病害发生少，危害程度也轻。编者近年在枫香病虫害调查过程中，发现由类拟盘多毛孢真菌*Pestalotiopsis*-like fungi引发的枫香褐斑病和由炭疽菌属*Colletotrichum*真菌引发的枫香炭疽病在福建普遍发生。

第二节
枫香害虫研究现状

一、食叶害虫

枫香食叶害虫发生较为普遍。棕色天幕毛虫是相对研究较多的一种害虫（王鸣凤等，1997；陆承彰，1996；黄金水等，1989），作者主要研究其生物学特性并开展防治试验；该虫在福建、安徽一年1代，以卵越冬；1994年安徽省青阳县九华乡1000余亩*枫香林棕色天幕毛虫爆发成灾，100余亩枫香上单株幼虫达万余条（陆承彰，1996）；1996年安徽省泾县全县枫树有虫株率达98%以上，单株平均有虫850头，最高达5000头（王鸣凤等，1997），受害植株布满丝网，严重者造成枝条、顶梢枯死。枫毒蛾幼虫取食叶片，该虫2011年5~6月曾在南京紫金山大面积发生，受害面积达3840亩（刘江伟等，2014），许多区域的枫香树叶被取食殆尽。缀叶丛螟是枫香上另一种重要的食叶害虫（潘爱芳等，2016），该虫食性杂，除危害枫香外，还取食盐肤木、青麸杨、黄栌、南酸枣、黄连木、细柄蕈树、枫杨、核桃、马桑等。刺蛾类害虫在枫香树上时有发生，潘爱芳等（2017）记述了窃达刺蛾*Darna furva*（Wileman）、艳刺蛾*Demonarosa rufotessellata*（Moore）、蜜焰刺蛾*Iragoides melli* Hering、黄褐球须刺蛾*Scopelodes testacea* Butler为枫香树上的新害虫。大蚕蛾科的绿尾大蚕蛾、樟蚕等在一些地区枫香上偶尔爆发。

编者于2016年6月在福建省漳平五一林场、2017年4月在福建省永春碧卿林场的枫香上采集到一种卷叶危害的幼虫，饲养出成虫后经东北林业大学韩辉林副研究员鉴定，为红伊夜蛾*Anigraea rubida* Walker，是中国大陆新记录种（潘爱芳等，2018）。前人记载该虫分布于中国台湾（桃源县），国外分布于泰国、越南、菲律宾、印度尼西亚、马来西亚半岛、婆罗洲、苏拉威西岛、苏门答腊、印度、尼泊尔、不丹（Holloway，1985），其幼虫取食枫香、丝栗栲叶片。

二、其他害虫

除食叶害虫外，李天奇等（2016）报道了危害枫香叶片的新害虫武夷山曼盲蝽*Mansoniella wuyishana* Lin，2015年发现该虫在杭州植物园等的枫香树叶背面危害，在叶片两面产生大量褐色斑，导致受害植株落叶。周伟平（2008）报道了刺角天牛危害普陀山的一株300多年树龄的古枫香树，但没有给出天牛学名，而在研究刺角天牛*Trirachys orientalis* Hope的文献中（方加兴等，2016；蒋三登和王桂欣，1989），其寄主植物并没有枫香。

---

* 1亩 = 1/15hm^2，下同。

第三节

枫香病虫害发生特点

目前枫香病害相关研究报道较少，而枫香虫害较多，尤以食叶害虫种类居多，是生产上最需要关注的害虫，爆发成灾后往往导致叶片被取食殆尽。特别是鳞翅目的种类，其中以枯叶蛾科的棕色天幕毛虫，毒蛾科的枫毒蛾，螟蛾科的缀叶丛螟，刺蛾科的长须刺蛾、扁刺蛾、黄刺蛾，大蚕蛾科的樟蚕、银杏大蚕蛾、绿尾大蚕蛾等发生较为普遍，危害最为严重。

各地枫香害虫发生种类和危害程度不尽相同。在南京枫毒蛾曾爆发成灾（刘江伟等，2014），安徽20世纪90年代棕色天幕毛虫发生较为普遍（王鸣凤等，1997；陆承彰，1996）；福建省近年来以缀叶丛螟、长须刺蛾、樟蚕等虫口密度最大。其他害虫，如刺吸式害虫包括介壳虫类、蜡蝉类等，以及蛀干害虫在局部地区偶有发生的报道，但总体上发生程度较轻。

“病虫害”通常是以一个固定词组的形式作为专业术语用的，其实从“生物多样性”这个宏观角度来讲，并非植物上一有病虫即有害，一有病虫就得治。本书中的多数“病虫”目前在枫香上尚无产生危害的报道，平时只需多加监测，尽可能采取营林、生物、人工、物理等措施加以防范，在爆发成灾时才有必要采取化学防治措施。

总之，目前针对枫香病虫害的系统性研究较少，而更多的是在报道其他植物病虫害时记载了枫香也是其寄主之一。我们相信，随着枫香造林面积的增大，枫香病虫害的研究必将更加广泛与深入。

第四节

枫香害虫名录

前人对枫香害虫种类进行了调查、整理。余金良等（2014）在杭州西湖风景名胜区主要古树病虫害调查中，记述了枫香害虫16种，分属4目9科。潘爱芳等（2016）通过福建省枫香害虫调查，并查阅相关文献，记述了我国枫香害虫、害螨80种，分属2纲7目35科。编者在研究枫香害虫的过程中，陆续发现了一些危害枫香的新害虫，结合文献资料，重新整理了枫香害虫名录（潘爱芳，2018），计128种（见表1），其中昆虫纲6目42科122种，蛛形纲蜱螨目2科6种。鳞翅目害虫种类最多，为67种；其次为半翅目和鞘翅目昆虫，分别为25种和22种；等翅目、膜翅目和直翅目害虫较少，分别为5种、2种和1种。

表1　枫香害虫名录

目、科	种　名	危害部位
直翅目Orthoptera		
蟋蟀科Gryllidae	大蟋蟀*Brachytrupes portentosus* Lichtenstein	根
等翅目Isoptera		
白蚁科Termitidae	台湾乳白蚁*Coptotermes formosanus* Shiraki	干皮、根
	黄翅大白蚁*Macrotermes barneyi* Light	干皮、根
	黑翅土白蚁*Odontotermes formosanus*（Shiraki）	干皮、根
鼻白蚁科Rhinotermitidae	黄胸散白蚁*Reticulitermes flaviceps*（Oshima）	干皮、根
	英德蔡白蚁*Tsaitermes yingdeensis*（Tsai et Li）	干皮、根
半翅目Hemiptera		
蝽科Pentatomidae	麻皮蝽*Erthesina fullo*（Thunberg）	嫩枝、叶
缘蝽科Coreidae	瓦同缘蝽*Homoeocerus walkerianus* Lethierry et Severin	嫩枝、叶
盲蝽科Miridae	武夷山曼盲蝽*Mansoniella wuyishana* Lin	嫩枝、叶
盾蝽科Scutelleridae	角盾蝽*Cantao ocellatus*（Thunberg）	嫩枝、叶
	丽盾蝽*Chrysocoris grandis*（Thunberg）	嫩枝、叶
蝉科Cicadidae	川马蝉*Platylomia juno* Distani	嫩枝、叶
	网翅蝉*Polyneura ducalis* Westwood	嫩枝、叶
	高山螗蝉*Tanna obliqua* Liu	嫩枝、叶
广翅蜡蝉科Ricaniidae	山东广翅蜡蝉*Ricania shantungensis* Chou et Lu	嫩枝、叶
	八点广翅蜡蝉*Ricania speculum*（Walker）	嫩枝、叶
	柿广翅蜡蝉*Ricania sublimbata* Jacobi	嫩枝、叶

（续）

目、科	种 名	危害部位
蛾蜡蝉科Flatidae	碧蛾蜡蝉*Geisha distinctissima*（Walker）	嫩枝、叶
蜡蝉科Fulgoridae	斑衣蜡蝉*Lycorma delicatula*（White）	嫩枝、叶
粉虱科Aleyrodidae	马氏粉虱*Aleurolobus marlatti* Quaintance Marlatt	嫩枝、叶
	樟黑粉虱*Aleurotuberculatus gordoniae* Takahashi	嫩枝、叶
蚜科Aphididae	棉蚜*Aphis gossypii* Glover	嫩枝、叶
绵蚧科Margarodidae	澳洲吹绵蚧*Icerya purchasi* Maskell	枝、叶
	黄毛吹绵蚧*Icerya seychellarum*（Westwood）	枝、叶
胶蚧科Kerriidae	龙眼胶蚧*Kerria greeni*（Chamberlin）	枝、叶
	茶硬胶蚧*Paratachardina theae*（Green）	枝、叶
蚧科Coccidae	广食褐软蚧*Coccus hesperidum* Linn.	枝、叶
盾蚧科Diaspididae	日本长白盾蚧*Lopholeucaspis joponica*（Cockerell）	枝、叶
	考氏白盾蚧*Phenacaspis caspiscockerelli*（Cooley）	枝、叶
	桑白盾蚧*Pseudaulacaspis pentagona*（Targioni-Tozzetti）	枝、叶
粉蚧科Pseudococcidae	枫香绵粉蚧*Phenacoccus* sp.	枝、叶
鞘翅目Coleoptera		
卷象科Attelabidae	枫香卷叶象甲*Paratrachelophorus* sp.	叶
象甲科Curculionidae	枫香刺小蠹 *Acanthotomicus* sp.	干
	削尾巨材小蠹 *Cnestus mutilatus*（Blandford）	干
	棋盘材小蠹 *Xyleborus pfeili*（Ratzeburg）	干
	暗翅足距小蠹 *Xylosandrus crassiusculus*（Motschulsky）	干
花金龟科Cetoniidae	小青花金龟 *Oxycetonia jucunda*（Faldermann）	叶、根
金龟科Scarabaeidae	中华喙丽金龟 *Adoretus sinicus* Burmeister	叶、根
鳃金龟科Melolonthidae	东北大黑鳃金龟 *Holotrichia diomphalia* Bates	叶、根
	台齿爪金龟（拟毛黄鳃金龟）*Holotrichia formodana* Moser	叶、根
	华齿爪鳃金龟 *Holotrichia sinensis* Hope	叶、根
天牛科Cerambycidae	光肩星天牛 *Anoplophora glabripennis*（Motsch.）	干
	紫缘长绿天牛 *Chloridolum lameeri*（Pic.）	干
	竹绿虎天牛 *Chlorophorus annularis*（Fabricius）	干
	家扁天牛 *Eurypoda antennata* Saunders	干
	刺角天牛 *Trirachys orientalis* Hope	干
	白蜡脊虎天牛 *Xylotrechus rufilius* Bates	干
铁甲科Hispidae	西南锯龟甲 *Basiprionota pudica*（Spaeth）	叶

（续）

目、科	种　名	危害部位
叶甲科Chrysomelidae	水杉阿萤叶甲 *Arthrotus nigrofasciatus*（Jacoby）	叶
	枫香凹翅萤叶甲 *Paleosepharia liquidambara* Gressitt et Kimoto	叶
	褐翅拟隶萤叶甲 *Siemssenius fulvipennis*（Jacoby）	叶
肖叶甲科Eumolpidae	中华沟臀叶甲 *Colaspoides chinensis* Jacoby	叶
	毛股沟臀叶甲 *Colaspoides femoralis* Lefèvre	叶
鳞翅目Lepidoptera		
卷蛾科Tortricidae	龙眼裳卷蛾 *Cerace stipatana* Walker	叶
	茶长卷蛾 *Homona magnanima* Diakonoff	叶
	枫新小卷蛾 *Olethreutes hedrotoma*（Meyrick）	叶
网蛾科Thyrididae	蝉网蛾 *Glanycus foochowensis* Chu et Wang	叶
巢蛾科Yponomeutidae	枫香小白巢蛾 *Thecobathra lambda*（Moriuti）	叶
螟蛾科Pyralidae	缀叶丛螟 *Locastra muscosalis*（Walker）	叶
	三条蛀野螟 *Pleuroptya chlorophanta*（Butler）	叶
	台湾卷叶野螟 *Syllepte taiwanalis* Shibuya	叶
袋蛾科Psychidae	蜡彩袋蛾 *Chalia larminati* Heylaerts	叶
	茶袋蛾 *Clania minuscula* Butler	叶
刺蛾科Limacodidae	窃达刺蛾 *Darna furva*（Wileman）	叶
	艳刺蛾 *Demonarosa rufotessellata*（Moore）	叶
	长须刺蛾 *Hyphorma minax* Walker	叶
	漪刺蛾 *Iraga rugosa*（Wileman）	叶
	蜜焰刺蛾 *Iragoides melli* Hering	叶
	褐边绿刺蛾 *Latoia consocia* Walker	叶
	中国绿刺蛾 *Latoia sinica* Moore	叶
	翘须刺蛾 *Microleon longipalpis* Butler	叶
	黄刺蛾 *Monema flavescens* Walker	叶
	光眉刺蛾 *Narosa fulgens* Leech	叶
	黑眉刺蛾*Narosa nigrisigna* Wileman	叶
	梨娜刺蛾 *Narosoideus flavidorsalis*（Stauudinger）	叶
	丽绿刺蛾 *Parasa lepida*（Cramer）	叶
	纵带球须刺蛾 *Scopelodes contracta* Walker	叶
	黄褐球须刺蛾 *Scopelodes testacea* Butler	叶
	小黑刺蛾 *Scopelodes ursina* Butler	叶
	桑褐刺蛾 *Setora postornata*（Hampson）	叶
	中国扁刺蛾 *Thosea sinensis*（Walker）	叶

（续）

目、科	种 名	危害部位
大蚕蛾科Saturniidae	黄尾大蚕蛾 *Actias heterogyna* Mell	叶
	绿尾大蚕蛾 *Actias selene ningpoana* Felder	叶
	华尾大蚕蛾 *Actias sinensis* Walker	叶
	乌桕大蚕蛾 *Attacus atlas* Linn.	叶
	银杏大蚕蛾 *Dictyoploca japonica* Moore	叶
	樟蚕 *Eriogyna pyretorum*（Westwood）	叶
	樗蚕 *Samia cynthia*（Drurvy）	叶
天蛾科Sphingidae	枫天蛾 *Cypoides chinensis*（Rothschild et Jordan）	叶
尾夜蛾科Euteliidae	红伊夜蛾 *Anigraea rubida* Walker	叶
	鹿尾夜蛾 *Eutelia adulatricoides*（Mell）	叶
夜蛾科Noctuidae	大红裙杂夜蛾 *Amphipyra monolitha* Guenée	叶
	果杂夜蛾 *Amphipyra pyramidea*（Linn.）	叶
	斜纹夜蛾 *Spodoptera litura*（Fabricius）	叶
毒蛾科Lymantriidae	苔肾毒蛾 *Cifuna eurydice*（Butler）	叶
	连茸毒蛾 *Dasychira conjuncta* Wileman	叶
	环茸毒蛾 *Dasychira dudgeoni* Swinhoe	叶
	线茸毒蛾 *Dasychira grotei* Moore	叶
	乌桕黄毒蛾 *Euproctis bipunctapex*（Hampson）	叶
	茶黄毒蛾 *Euproctis pseudoconspersa* Strand	叶
	榄仁树毒蛾 *Lymantria incerta* Walker	叶
	栎毒蛾 *Lymantria mathura* Moore	叶
	暗毒蛾 *Lymantria nebulosa* Wileman	叶
	枫毒蛾 *Lymantria umbrifera* Wileman	叶
	木麻黄毒蛾 *Lymantria xylina* Swinhoe	叶
	黑褐盗毒蛾 *Porthesia atereta* Collenette	叶
	双线盗毒蛾 *Porthesia scintillans*（Walker）	叶
	绿点足毒蛾 *Redoa verdura* Chao	叶
	带跗雪毒蛾 *Stilpnotia chrysoscela* Collenette	叶
尺蛾科 Geometridae	对白尺蛾 *Asthena undulata*（Wileman）	叶
	小埃尺蛾 *Ectropis obliqua*（Prout）	叶
	钩翅尺蛾 *Hyposidra aquilaria* Walker	叶
	点尘尺蛾 *Hypomecis punctinalis*（Scopoli）	叶
	枫香尺蛾 *Hypomecis* sp.	叶

（续）

目、科	种 名	危害部位
枯叶蛾科Lasiocampidae	波纹杂枯叶蛾 *Kunugia undans undans*（Walker）	叶
	油茶大毛虫 *Lebeda nobilis sinica* Lajonquiere	叶
	棕色天幕毛虫 *Malacosoma dentata* Mell	叶
	细斑尖枯叶蛾 *Metanastria gemella* Lajonquiere	叶
	松栎毛虫 *Paralebeda plagifera* Walker	叶
斑蛾科 Zygaenidae	沙罗双透点黑斑蛾 *Trypanophora semihyalina argyrospila* Walker	叶
膜翅目 Hymenoptera		
叶蜂科 Tenthredinidae	浙闽粘叶蜂 *Caliroa zheminica* Wei	叶
树蜂科 Siricidae	烟扁角树蜂 *Tremex fuscicornis*（Fabricius）	干
蜱螨目 Acarina		
叶螨科 Tetranychidae	柑橘始叶螨 *Eotetranychus kankitus* Ehara	叶
	六点始叶螨 *Eotetranychus sexmaculatus*（Riley）	叶
	苹果全爪螨 *Panonychus ulmi*（Koch）	叶
	朱砂叶螨 *Tetranychus cinnabarinus*（Boisduval）	叶
植绥螨科Phytoseiidae	虾夷钝绥螨 *Amblyseius ainu* Ehara	叶
	江原钝绥螨 *Amblyseius eharai* Amitai et Swirski	叶

第二篇

枫香病害

第一章
枫香褐斑病

症状　在新叶或老叶上发病，主要从叶缘、叶脉或叶柄处开始，染病初期先是单个黄褐色斑点，随着病情发展，多个小病斑融合成褐色或近黑色的不规则形大病斑。

在新生的枝条上发病，染病初期形成单个淡褐色斑点，而后病情扩展，多个小病斑融合成褐色不规则形大病斑。

病原　该类病原菌为类拟盘多毛孢真菌*Pestalotiopsis*-like fungi，隶属于无性态菌物的第六类，即分生孢子着生于分生孢子盘内；相当于Ainsworth（1973）系统中的半知菌门腔孢纲Coelomycetes黑盘孢目Melanoconiales黑盘孢科Melanoconiaceae拟盘多毛孢属*Pestalotiopsis* Steyaert。

分生孢子盘未成熟时淡色，成熟时褐色至深褐色。分生孢子梗短或不明显。产孢细胞分开或聚集在一起，壁光滑，无色。分生孢子拟纺锤形，直或稍弯，具4个分隔；两端的细胞无色，中间3个细胞桶形，有色，同色或异色，浅棕色；顶部细胞锥形，无色，细胞壁薄，有2~4根丝状附属丝（多数3根），不分枝（或极少分枝）；基部具1~2根附属丝，偶尔分枝。

病原菌的培养形态　在PDA培养基上菌落生长良好，25℃下10天可长满直径9cm的培养皿，菌落白色、淡灰白色、淡黄白色，轮纹有或无，气生菌丝较密实，后期均可在菌落上形成球形或不规则形的黑色孢子球。

分布　福建、广西、江苏、浙江、江西、台湾、香港。

讨论　自1949年拟盘多毛孢属确立以来，其典型特征就是分生孢子具5个细胞，中间3个细胞有色，顶部细胞和基部细胞无色，顶部具2至多根附属丝，基部具1~2根附属丝。Maharachchikumbura等（2014）采用形态学结合多基因分子系统学方法将拟盘多毛孢属重新划分，即把原拟盘多毛孢属划分为3个属：拟盘多毛孢属*Pestalotiopsis*、新拟盘多毛孢属*Neopestalotiopsis*和假拟盘多毛孢属*Pesudopestalotiopsis*。这个分类系统现在已被越来越多的学者所接受，这一类菌统称为类拟盘多毛孢真菌*Pestalotiopsis*-like fungi。在枫香上已有报道的拟盘多毛孢属真菌有4种，*Pestalotiopsis foedans*（现更名为*Neopestalotiopsis foedans*），*P. malicola*，*P. mangiferae* and *P. toxica*（Zhuang，2001；Ge etal，2009）。我们在福建枫香病害调查过程中得到的类拟盘多毛孢属真菌的形态特征与这4个种的形态特征都不一样，具体种类还有待进一步研究确定。

图版1　类拟盘多毛孢真菌
A.感病的枫香新叶；B.感病的枫香老叶；C.感病的枝条；D-G.分生孢子（比例尺=20μm）

第二章

枫香炭疽病

症状 在新叶上发病，从叶尖或叶柄开始，初期形成单个黄褐色斑点，随着病情发展，病斑不断扩大，最后多个病斑连接形成近圆形或不规则形褐色至黑色病斑。

病原 由炭疽菌属真菌引起，病原的无性阶段隶属于无性态菌物的第六类，即分生孢子着生于分生孢子盘内；相当于Ainsworth（1973）系统中的半知菌门腔孢纲 Coelomycetes黑盘孢目Melanoconiales黑盘孢科Melanoconiaceae炭疽菌属*Colletotrichum*。分生孢子梗淡色。分生孢子棍棒状或梭形，单胞，无色，表面光滑。

病原菌的培养形态 在PDA培养基上菌落生长良好，25℃下7天菌落直径约8cm，菌落灰绿色、白色或褐色，气生菌丝较密实，后期在菌落上形成球形或不规则形的橙色或黑色孢子球。

分布 福建、香港。

讨论 Lu等（2005）在香港真菌名录中收录了围小丛壳（*Glomerella cingulata*）。该菌是炭疽菌属真菌的有性阶段。

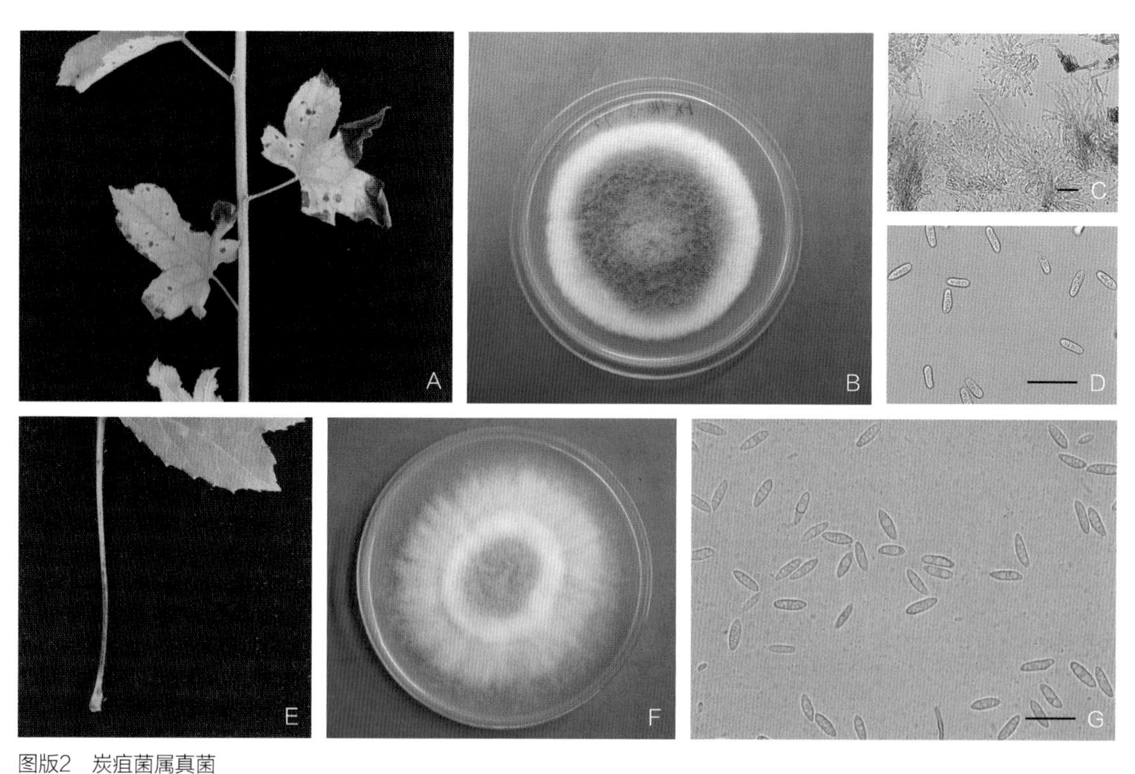

图版2　炭疽菌属真菌

A.感病的枫香新叶；B.未知炭疽菌1在PDA培养基上的正面菌落形态图（7天）；C.未知炭疽菌1的分生孢子盘、分生孢子梗和产孢细胞；D.未知炭疽菌1的分生孢子；E.感病的枫香叶柄；F.未知炭疽菌2在PDA培养基上的正面菌落形态图（7天）；G.未知炭疽菌2的分生孢子（比例尺=20μm）

第三章
枫香白粉病

症状 初期在枫香叶片的正面出现白色粉状物，叶片褪绿或黄化，后期在病部可见颗粒状物（闭囊壳），闭囊壳球形或近球形，未成熟时淡黄色，颜色渐渐加深，成熟时黑色，四周或顶端有各种形状的附属丝。

病原 由白粉菌目的多种真菌引起，主要包括有性阶段的白粉菌属*Erysiphe*和钩丝壳属*Uncinula*真菌，以及无性阶段的粉孢属*Oidium*真菌。白粉菌属真菌的闭囊壳内有多个子囊，子囊内含2~8个子囊孢子，附属丝菌丝状；分生孢子串生或单生。钩丝壳属真菌的闭囊壳内有多个子囊，附属丝顶端卷曲成钩状或螺旋状；分生孢子串生。

分布 江苏、湖北、香港。

讨论 白粉菌科真菌的分种主要根据闭囊壳顶端的附属丝形状。Chen（2002）报道了枫香上的三种钩丝壳属真菌，包括*U. liquidambaris*，*U. variabilis*和*U. verniciferae*。但Braun和Cook（2012）在白粉菌目的分类手册一书中，把钩丝壳属*Uncinula*和叉丝壳属*Microsphaera*等属归到白粉菌属*Erysiphe*，列出的枫香上白粉菌属的3个种是*E. liquidambaris*，*E. praelonga*和*E. variabilis*。

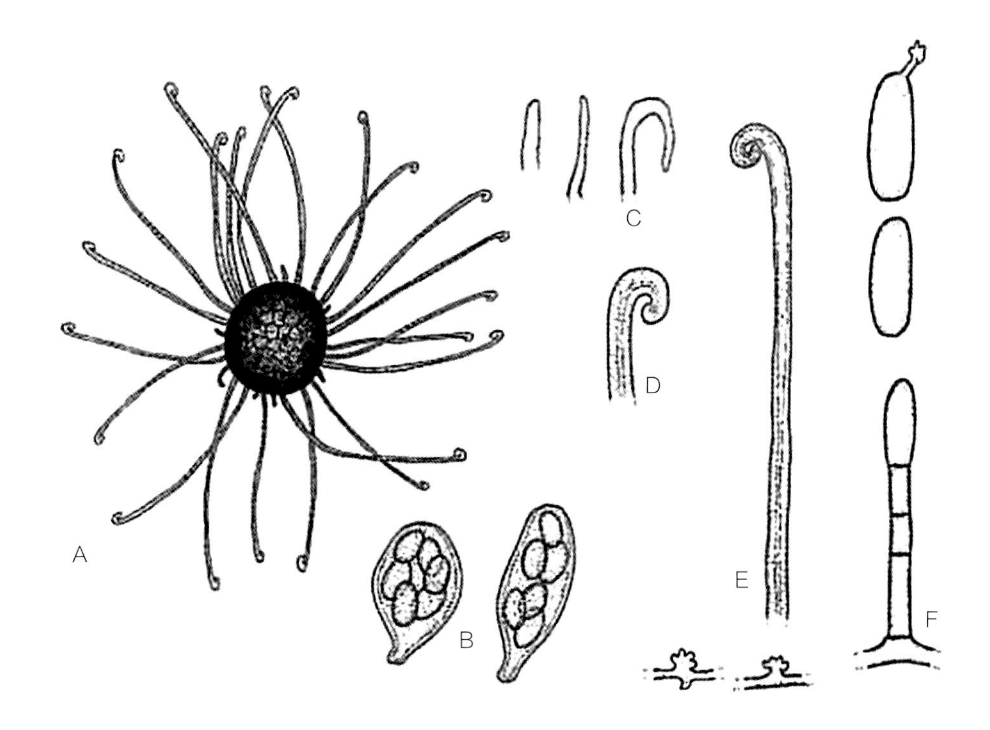

图版3 枫香钩丝壳（Braun and Cook, 2012）
A.闭囊壳；B.子囊和子囊孢子；C–E.附属丝；F.分生孢子梗和分生孢子

第四章

枫香枝枯病

症状　在枫香枝条上发病，形成褐色病斑，病斑在枝条上扩展后可引起枝条枯死。

病原　枫香间座壳*Diaporthe liquidambaris*，无性阶段枫香拟茎点霉*Phomopsis liquidambaris*，分生孢子座聚生，埋生于枝条内，成熟时突出寄主表皮，结节状或形状不规则，单腔室至多腔室，（143~350）μm ×（88~250）μm。分生孢子梗无色，具分隔，合轴式产孢，（10.0~25.0）μm×（1.7~3.0）μm。产孢细胞无色，瓶梗式产孢，内生芽殖型，从分生孢子梗上长出。α型分生孢子无色，单胞，纺锤型，两端渐尖，内含2个明显的油滴，（6.5~8.1）μm ×（1.7~2.2）μm；β型分生孢子无色，单胞，丝状，钩状，（10.5~24.5）μm×（0.6~1.0）μm。

分布　福建（福州）。

讨论　Chang等（2005）报道福建省木本植物上的拟茎点霉真菌时发表了枫香上发现的新种，枫香拟茎点霉*Phomopsis liquidambaris*，该真菌可引起枫香枝枯病。Gao等（2017）将枫香拟茎点霉*P. liquidambaris*更名为枫香间座壳*D. liquidambaris*。

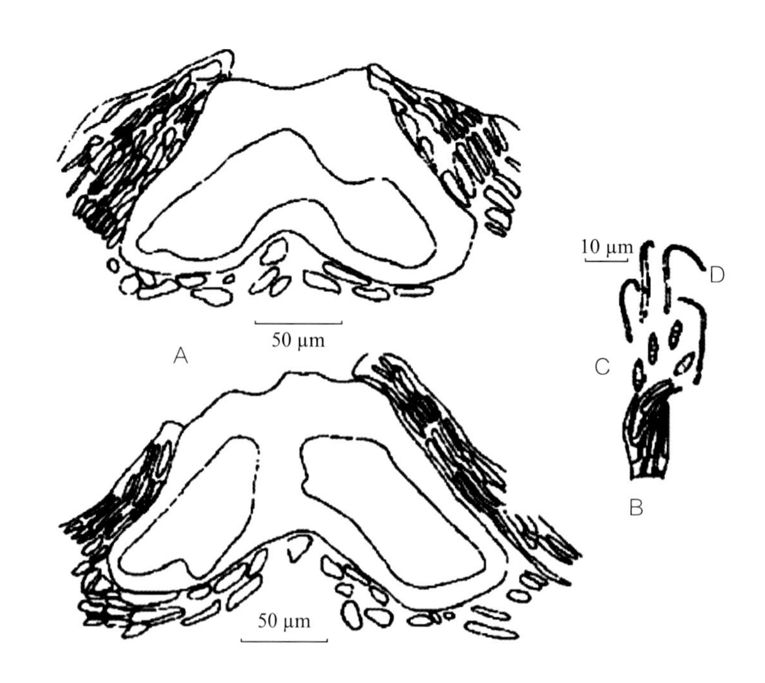

图版4　枫香拟茎点霉（Chang等，2005）
A.分生孢子器；B. 分生孢子梗和产孢细胞；C. α型分生孢子；D. β型分生孢子

第五章

枫香叶斑病

症状　枫香叶片上的病斑呈近圆形至不规则形，小，直径0.5 ~ 4mm，灰绿色，棕色，至灰白色。

病原　枫香尾孢*Cercospora liquidambaris*，分生孢子座埋生或半埋生，棕色，直径10~60 μ m。分生孢子梗从菌丝或分生孢子座上长出，单生或丛生，不分枝，（10~）25~90（~100）×（3~5）μ m，（0~）1~8个分隔，淡棕色至棕色，顶端颜色较浅。产孢细胞聚生，10~25 μ m。分生孢子单生，倒棍棒状至圆柱形，直或弯，40~150 ×（2~）2.5~4（~4.5）μ m，3~12个分隔，近无色至淡橄榄色，壁薄且光滑，顶端渐尖，有时顶端平截。

分布　香港。

讨论　除枫香尾孢外，枫香上还报道过两个相似的菌，*Pseudocercospora tuberculans*和*P. liquidambaricola*（Braun等，2015）。

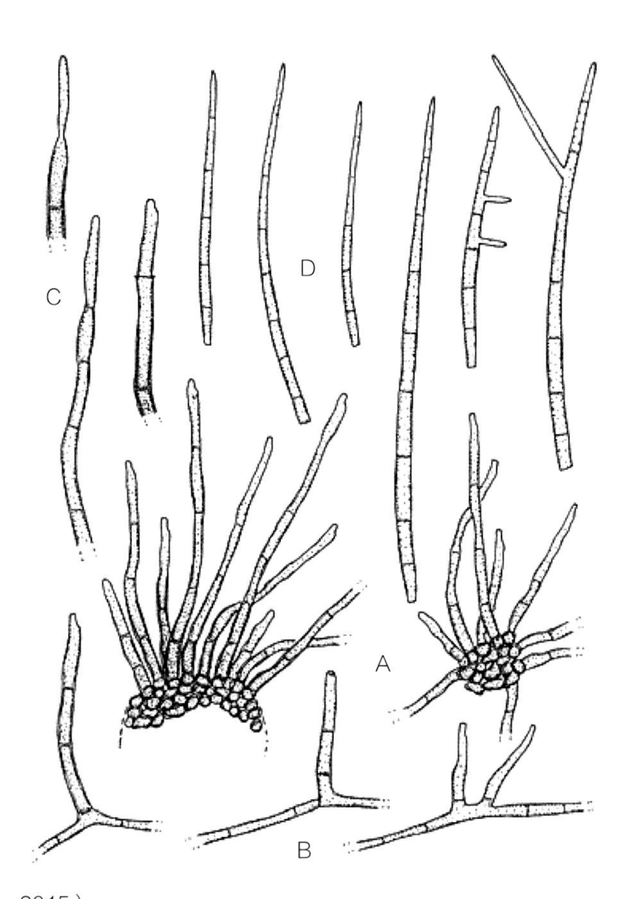

图版5　枫香尾孢（Braun等，2015）
A.分生孢子梗束；B.从菌丝表面长出的单根分生孢子梗；C.分生孢子梗、产孢细胞和分生孢子；D.分生孢子

第六章

枫香褐根病

症状　受侵染的树木地上部局部或全株叶片黄化，长势衰弱，末端枝条枯死；发病后期，大部分感病植株最终全株落叶，枯死；部分树木在叶片出现萎凋症状后，一个月内迅速死亡。但这些地上部分的症状特征跟其他根部病原真菌造成的症状相似，难以单独判定为褐根病。褐根病菌经常在树干基部表面形成白色、黄色至深褐色的片状菌丝面（mycelial mat），在土壤中根部表面也会长有沾土壤的菌丝面。如果剖开根部树皮，常在木质部可发现木材白化、疏松海绵状的腐朽现象，以及有褐根病菌菌丝所形成的浅褐色至黑色的不规则网格状纹路。

病原　有害木层孔菌*Phellinus noxius*，在培养基上纯培养时生长速度快，初期呈白色或浅黄色，培养7~10天后，渐渐变为黄褐色至黑褐色。显微镜下可观察到毛状菌丝（trichocysts）和分生节孢子（arthrospore）。

分布　台湾。

讨论　枫香褐根病主要发生在根部，可造成树木基部和根部腐坏，无法支撑地上部的重量，易倒伏；也可导致树皮坏死、维管束丧失运输功能等，导致植株枯萎死亡。在台湾，褐根病（Brown root rot）是常见的木本植物真菌性根部病害，可侵染包括枫香在内的200多种植物（Ann等，2002；林石明等，2012）；该病害目前在香港、澳门、广东、福建一带都有发生，并有蔓延的趋势。

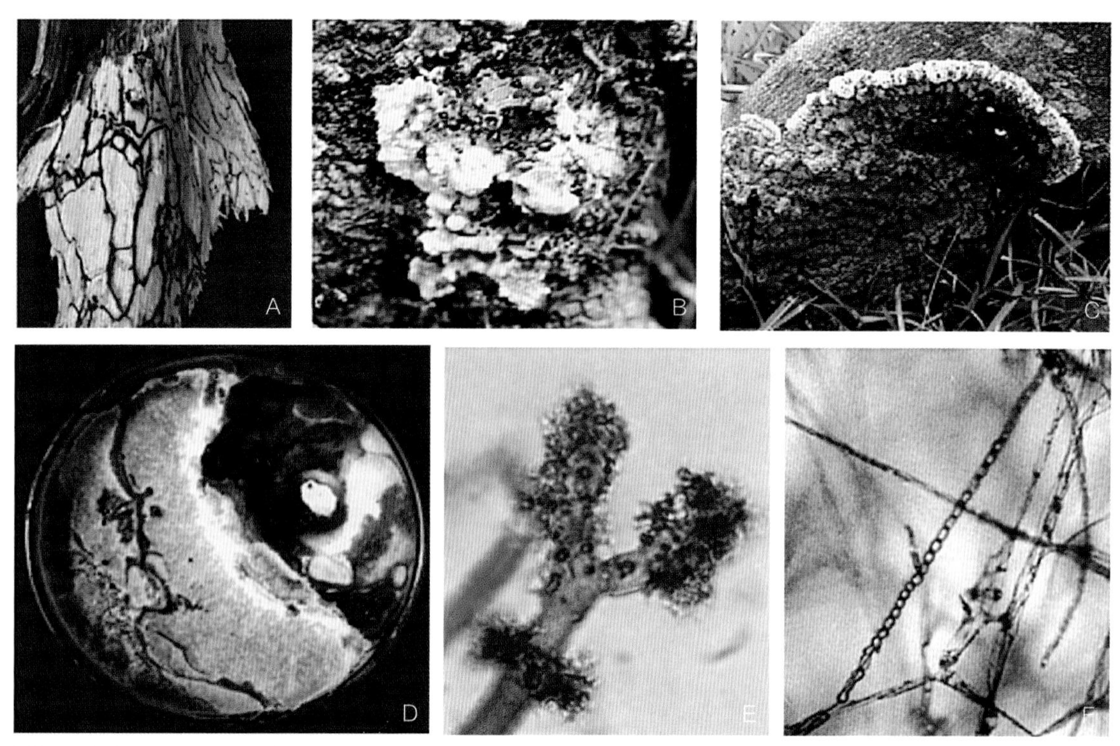

图版6　有害木层孔菌（Ann等，2002）
A.受侵染组织出现的网状结构；B-C.菌丝面；D.PDA培养基上的培养性状；E.毛状菌丝；F.分生节孢子

枫香病害防治方法

1. 营林技术措施

控制种植密度，过密林分适度整枝修剪、适当疏伐，改善林分通风和光照条件。

2. 加强栽培管理

林间作业时尽量避免损伤树枝，防止病菌从伤口侵入；发病严重的林分，清除病叶及枯枝落叶，并集中烧毁或深埋，减少病原传播蔓延；幼龄林适当追施腐殖质肥料和磷钾肥，增强树势，培育健壮植株，提高抗病力。

3. 化学防治

在发病较严重的苗圃或幼林地，可喷施化学农药进行防治。

如褐斑病可喷施国光银泰（80%代森锌可湿性粉剂）600~800倍液+国光思它灵（氨基酸螯合多种微量元素的叶面肥），用于病前的预防和补充营养。发病初期可选用25%咪鲜胺乳油500~600倍液、30%氧氯化铜悬浮剂600倍液、50%甲基硫菌灵硫磺悬浮剂800倍液、70%代森锰锌可湿性粉剂500倍液、75%百菌清可湿性粉剂800倍液、25%苯菌灵环己锌乳油800倍液等喷施。发病中后期或病害爆发时，可选用石灰倍量式波尔多液（硫酸铜、熟石灰与水的配料比为1∶2∶100）、50%苯来特可湿性粉剂1000~2000倍液、20%嗪氨灵500~800倍液、50%代森铵1000倍液等喷施。

炭疽病防治可选用40%氟硅唑乳油2000倍液、10%苯醚甲环唑水分散粒剂4500倍液、70%硫磺·锰锌可湿性粉剂500倍液、50%多菌灵可湿性粉剂500倍液、80%代森锰锌可湿性粉剂700倍液、75%百菌清可湿性粉剂600~800倍液、70%甲基硫菌灵可湿性粉剂800~1000倍液、50%退菌特可湿性粉剂800倍液、12.5%腈苯唑乳油3000倍液、0.6%~1.0%波尔多液、30%氧氯化铜600~800倍液等喷施。

一般连用2~3次，间隔7~15天。喷药时树上、地面要同时喷施，注意均匀周到。药剂应交替使用，以免产生抗药性。

第三篇

枫香害虫

第一章
鳞翅目 Lepidoptera

第一节
袋蛾科 Psychidae、巢蛾科 Yponomeutidae

001 茶袋蛾
Clania minuscula Butler

中文别名　茶蓑蛾、茶背袋虫、茶避债虫

分类地位　鳞翅目 Lepidoptera 袋蛾科 Psychidae

分　　布　福建、山西、江苏、浙江、安徽、江西、山东、湖北、湖南、广东、广西、重庆、四川、贵州、云南、陕西、台湾等（张汉鹄和谭济才，2004）。

寄主植物　枫香、油茶、茶、悬铃木、杨、柳、女贞、榆树、柑橘、紫荆、乌桕等百余种林木以及果树、花卉等植物。

危害特点　幼虫取食寄主植物叶片，严重时将芽梢、嫩皮吃光。

形态特征

袋囊　纺锤形，长25 ~ 30mm，丝质松软灰黄色，囊外贴满截断小枝，平行纵列。

初羽化雄蛾（寄主枫香）

袋囊与蛹壳

成虫 雌蛾体长12～15mm，蛆状，头、胸红棕色或咖啡色，胸部有显著的黄褐色斑，腹部肥大，第4～7节周围有蛋黄色绒毛。雄蛾体长10～15mm，翅展23～26mm，体暗褐色。前翅微具金属光泽，沿翅脉两侧色较深，近外缘有2个长方形透明斑，体密被鳞毛，胸部有2条白色纵纹。

卵 椭圆形，米黄色或黄色，长约0.7mm。

幼虫 老熟幼虫体长16～28mm，头黄褐色。散布黑褐色网状纹，胸部各节有4个黑褐色长形斑，排列成纵带，腹部肉红色，各腹节有2对黑色点状突起，作“八”字形排列。

蛹 雌蛹纺锤形，咖啡色，长14～18mm，腹背第3节后缘及第4～8节前后缘各具1列小刺。雄蛹体长10～13mm，咖啡色至红褐色；翅芽达第3腑节后缘，腹背第3～6节前后缘及第7～8节前后缘各具1列小刺，第8节小刺较大且明显。

生物学特性

茶袋蛾在福建一年2～3代，在贵州1代，安徽、湖南、河南大多2代（部分1代），广西南宁和台湾多达3代（张汉鹄和谭济才，2004）。在福建福州以幼虫越冬，翌年2月气温达到10℃左右开始活动取食，5月上旬化蛹，5月中旬产卵，6月上旬第1代幼虫危害，7月出现第1次危害高峰，8月上旬开始化蛹，8月中旬可见成虫羽化。8月底至9月初第2代幼虫孵出，9月出现第2次危害高峰，取食到11月进入越冬状态。

成虫多在下午羽化，雄蛾喜在傍晚或清晨活动，靠性引诱物质寻找雌蛾，雌蛾羽化翌日即可交配，交配后1～2天产卵，大多产500～800粒，个别高达3000粒。幼虫孵化后在母囊内停留2～3天后取食卵壳，随后爬上枝叶或飘到附近枝叶上，吐丝粘缀碎叶营造护囊并开始取食。幼虫老熟后在护囊里倒转虫体化蛹。由于雌蛾无翅，原地集中产卵，幼虫孵化后就地集中发生，常呈现危害中心。天敌有袋蛾瘤姬蜂、桑蟥聚瘤姬蜂、黄瘤姬蜂和大腿蜂等。

袋囊（寄主油茶）

袋囊中的雌幼虫（寄主油茶）

取食中的幼虫（寄主油茶）

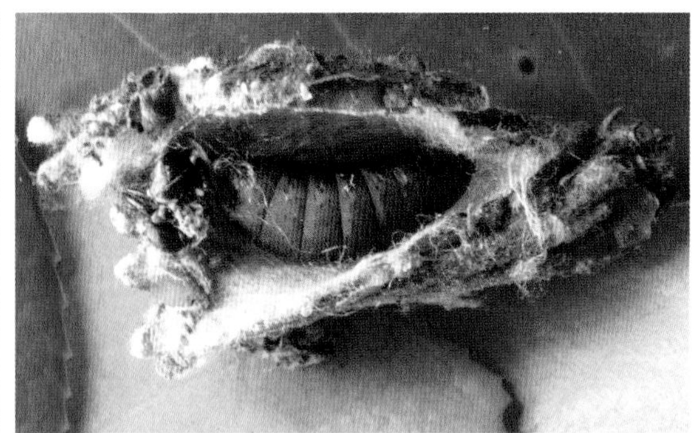
袋囊中的雌蛹（寄主油茶）

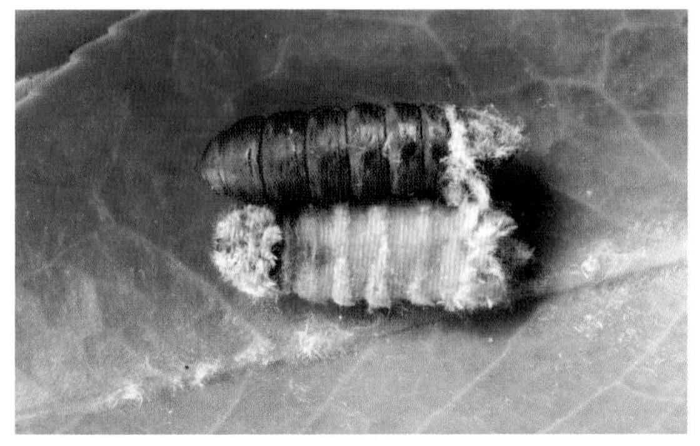
雌蛾与蛹背面（寄主油茶）

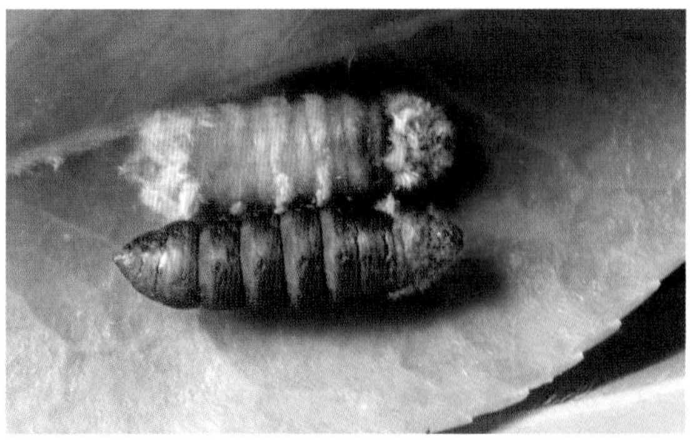
雌蛾与蛹腹面（寄主油茶）

002 枫香小白巢蛾

Thecobathra lambda（Moriuti）

分类地位 鳞翅目 Lepidoptera

巢蛾科 Yponomeutidae

分　　布 福建（晋安）、浙江、江西、湖南、四川、台湾；泰国（靳青，2010；万方珍，2008；方育卿，1986；刘友樵，1980）。

寄主植物 枫香。

危害特点 幼虫卷叶（缀叶）取食叶背叶肉。

形态特征

成虫 翅展13～17mm，雄蛾小于雌蛾。触角2/3齿状，多毛茸，柄节粗大，有密鳞。下颚须微小。下唇须细长，尖滑，第2节略短于第3节，末端尖，略上曲。前翅宽，外缘斜，12条脉彼此分离，翅痣发达。翅面银白色，有许多分散不规则的褐色鳞片斑，其中以后缘中部1条斜斑最为显著，但是这些褐色斑在同种的不同个体间变化极大，不能用作种的识别特征。后翅灰褐色，缘毛长为翅宽的1/2。

幼虫 老熟幼虫体长约13mm。头黄白色，体青绿色，但胸部和第8~10腹节颜色偏浅，呈黄绿色。雄幼虫第5腹节背中线两侧可见1对卵形浅黄色的精巢器官芽。

蛹 长约4mm，青绿色，近羽化时黄白色。

生物学特性

2015年6月23日于福州植物园（福州国家森林公园）枫香树上采集1头雄幼虫，26日在饲养盒中的标签纸上化蛹，30日11：30羽化为成虫。

幼虫将枫香树叶稍作卷曲，结网幕于卷曲叶背上做成虫巢，取食虫巢内及其附近叶背的叶肉。老熟幼虫化蛹前将叶片稍微卷曲，并吐丝网连接，在丝网中做白色的稀疏丝茧于其中化蛹（茧内的蛹隐约可见）。成虫羽化后于虫巢附近静止不动，约3小时后开始活动，并排出黄白色液体。

成虫

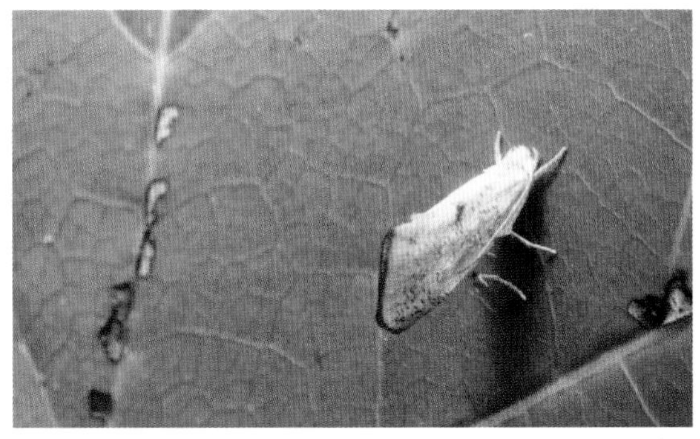

成虫

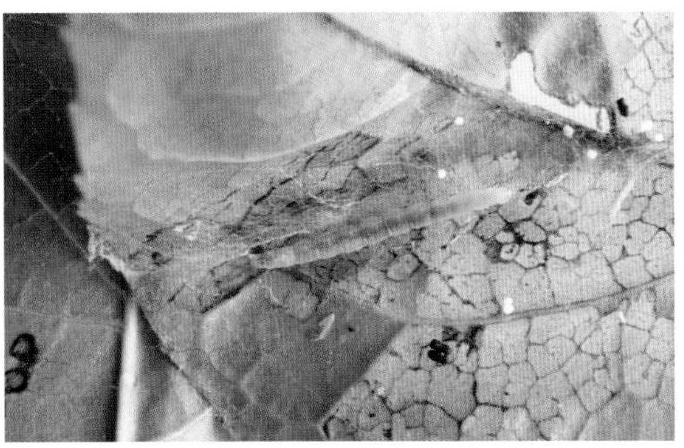

幼虫

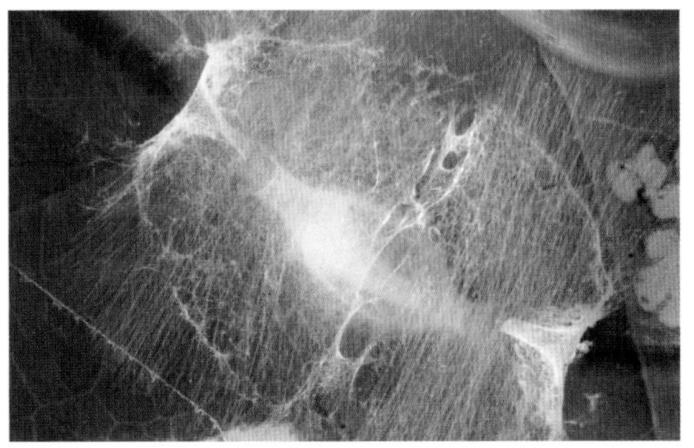

薄丝茧下的蛹

袋蛾、巢蛾防治方法

1. 营林措施

加强林分管理，促进林木健康生长。

2. 人工防治

结合经营管理，随时摘除袋囊、虫巢及虫苞，将采下来的袋囊、虫巢及虫苞在天敌释放笼中自然放置一段时间，让寄生天敌羽化飞回林间。幼虫也可饲喂家禽。

3. 生物防治

4～6月高湿条件下用含孢量100亿孢子/g的白僵菌粉喷撒，防治低龄幼虫；或用绿僵菌粉剂或苏云金杆菌防治。充分保护和利用寄生蝇、寄生蜂等天敌昆虫。招引益鸟食虫。

4. 药剂防治

大发生时，幼虫期可用药剂防治（药剂种类参考附表2）。掌握在幼虫低龄盛期施药，可采用低容量喷雾，应喷湿袋囊、虫巢；虫口密度较低或是发生不严重时，提倡挑治，即只喷发虫中心。可连用2次，间隔7～10天。

枫香枝条上的袋囊

取食枫香叶片的袋蛾

第二节

刺蛾科 Limacodidae、斑蛾科 Zygaenidae

003 窃达刺蛾

Darna furva（Wileman）

分类地位　鳞翅目 Lepidoptera

刺蛾科 Limacodidae

分　　布　国内除宁夏、新疆、西藏目前尚无记录外，遍布其他省区（齐石成等，2001；杨民胜，1992）。

寄主植物　枫香、油茶、茶、樟、木荷、桂花、李、山苍子、柿、米老排、石梓、火力楠、重阳木、柑橘、胡桃等多种阔叶树（何学友，2016）。

危害特点　幼虫取食叶片，严重时把叶片吃光，影响生长。

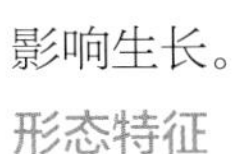

形态特征

成虫　雌蛾体长8～10mm，翅展20～26mm，触角丝状；雄蛾体长7～9mm，翅展17～24mm，触角羽毛状。头部灰色，复眼大，黑色；胸部背面有几束灰黑色长毛，腹部被有细长毛。前翅灰褐色，有5条明显的黑色横纹，外线和亚缘线之间形成褐色横带，褐色带在翅前缘处有一灰黄色近圆形斑；后翅暗灰褐色。

卵　淡黄色，质软，椭圆形，长径约0.8mm，短径约0.6mm。

幼虫　身体扁平，胸部最宽，腹部往后逐渐变细，呈鞋底形。刚孵化的幼虫体背棕褐色，体

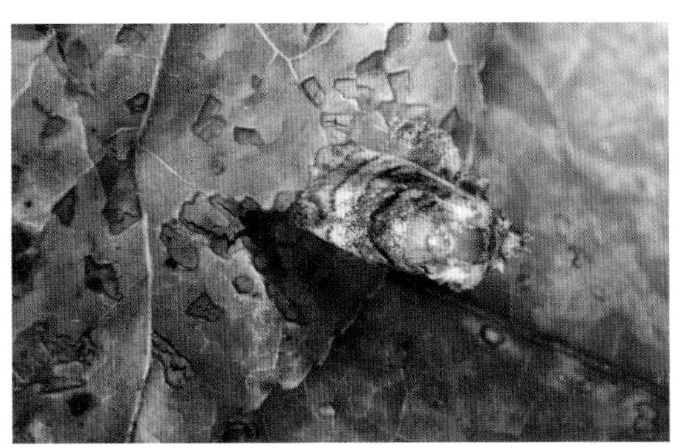

雄蛾（幼虫取食枫香）

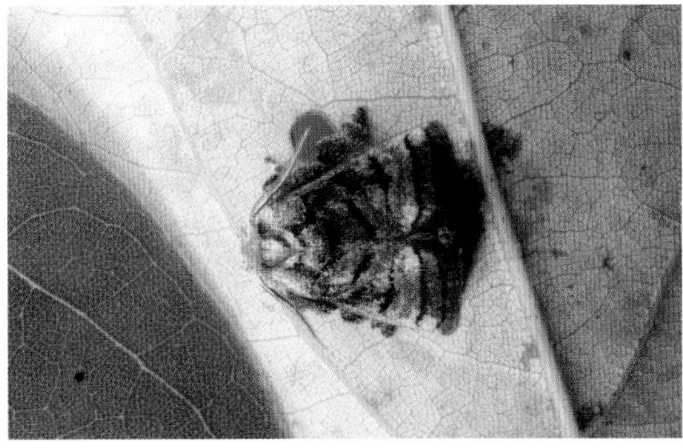

雄蛾（幼虫取食香樟）

雄蛾侧面（幼虫取食李树叶）

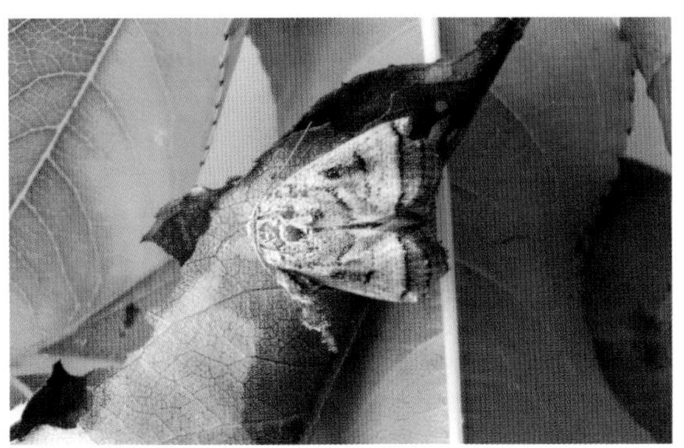

雌蛾（幼虫取食李树叶）

取食枫香树叶的幼虫

取食李树叶的幼虫

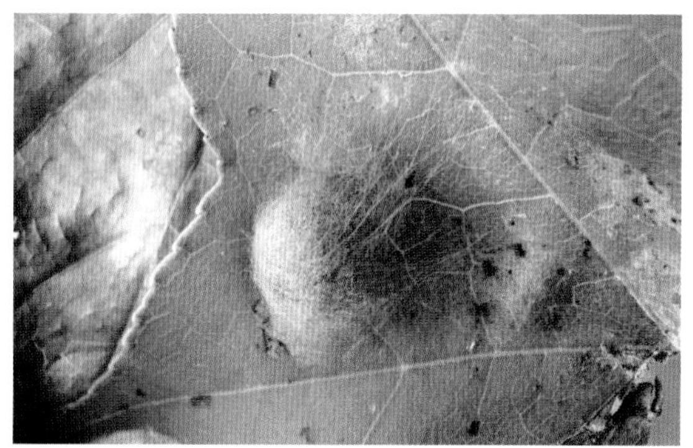
枫香树叶上的茧

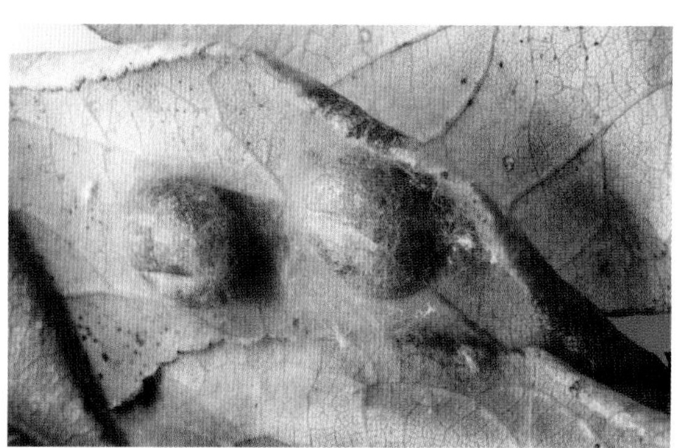
李树叶背面的茧

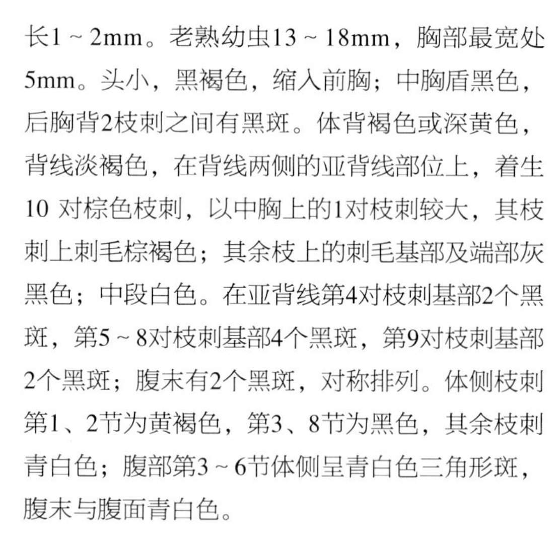
长1 ~ 2mm。老熟幼虫13 ~ 18mm，胸部最宽处5mm。头小，黑褐色，缩入前胸；中胸盾黑色，后胸背2枝刺之间有黑斑。体背褐色或深黄色，背线淡褐色，在背线两侧的亚背线部位上，着生10 对棕色枝刺，以中胸上的1对枝刺较大，其枝刺上刺毛棕褐色；其余枝上的刺毛基部及端部灰黑色；中段白色。在亚背线第4对枝刺基部2个黑斑，第5 ~ 8对枝刺基部4个黑斑，第9对枝刺基部2个黑斑；腹末有2个黑斑，对称排列。体侧枝刺第1、2节为黄褐色，第3、8节为黑色，其余枝刺青白色；腹部第3 ~ 6节体侧呈青白色三角形斑，腹末与腹面青白色。

蛹　卵圆形，前半部（头胸部）乳白色，后半部（腹部）棕褐色。

茧　卵圆形，坚硬，褐色。长8 ~ 10mm，宽6 ~ 8mm，茧壳上有黄色毒毛。

生物学特性

2016年7月4日在福建省林业科学研究院枫香树上采集的幼虫，7月13日在2片叶之间结茧化蛹，7月26日成虫羽化。

在福建、广西南部一年发生3代（李柳，1994），以幼虫在叶背面越冬。福建第1代发生在4 ~ 6月，幼虫期在4 ~ 5月；第2代6 ~ 9月，幼虫期在6 ~ 8月；越冬代8月至翌年4月，幼虫期在8月至翌年3月。成虫白天栖息林中，晚上活跃，有趋光性。羽化后第2天傍晚开始交尾，交尾后次日开始产卵，产卵量为50 ~ 150粒。成虫寿命4 ~ 7天。刚孵化的幼虫只取食叶表皮，随着虫龄增长，可从叶部边缘取食成缺刻直至将叶片吃光，再转移他叶取食。大龄幼虫化蛹前一天停止取食，爬到根际及附近的枯枝落叶层中或在2片叶之间结茧化蛹。化蛹时，虫体逐渐变红，身体逐步卷缩，并吐棕黄色的丝和分泌黏液，粘结成茧。天敌有日月猎蝽、中黄猎蝽、刺蛾紫姬蜂、中华螳螂和蜘蛛等。

004 艳刺蛾

Demonarosa rufotessellata（Moore）

分类地位 鳞翅目 Lepidoptera

刺蛾科 Limacodidae

分　　布 福建（晋安、武夷山、邵武、南平）、天津、浙江、江西、山东、湖南、广东、广西、海南、四川、云南、台湾；日本，印度，缅甸，印度尼西亚（武春生和方承莱，2010；齐石成等，2001）。

寄主植物 枫香、青冈、枫杨。

危害特点 幼虫取食叶片。

形态特征

成虫 体长约13mm，翅展22 ~ 30mm。头部与胸背浅黄色，胸背具黄褐色横纹；腹部橘红色，具浅黄色横线；前翅褐赭色，被一些浅黄色横线分割成许多带形或小斑，尤以后缘与前缘外半部较明显，横脉纹为1个红褐色圆点，亚端线不清晰，褐赭色，外衬浅黄边，从前缘3/4向翅尖呈拱形弯伸至2脉末端，端线由1列脉间红褐色点组成；后翅无花纹，橘红色。

幼虫 背面观菱形至短梭形，头部较钝，尾部较尖。长5 ~ 7mm，宽4 ~ 5mm。整体呈发糕状，厚实，中部与体垂直方向凸起，使得背面呈屋脊状。体黄绿色，背面分布有较为规整的与体垂直的浅黄色横斑；边缘有1圈红褐色线带，中部凸起处亦有在中间断裂的红褐色线带与外圈线带相连。

茧 椭圆形，灰白色，上有稀疏的褐色斑纹，似雀卵。

生物学特性

2016年7月22日在福州植物园枫香树上采集的幼虫，8月2日在叶片间结茧，8月22日成虫羽化。

成虫背面

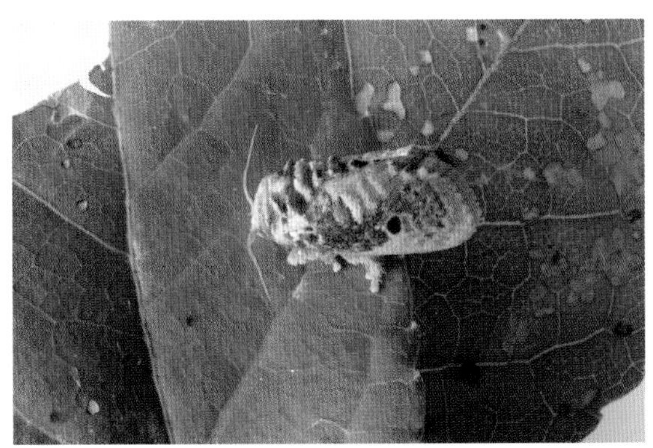

成虫侧面

幼虫

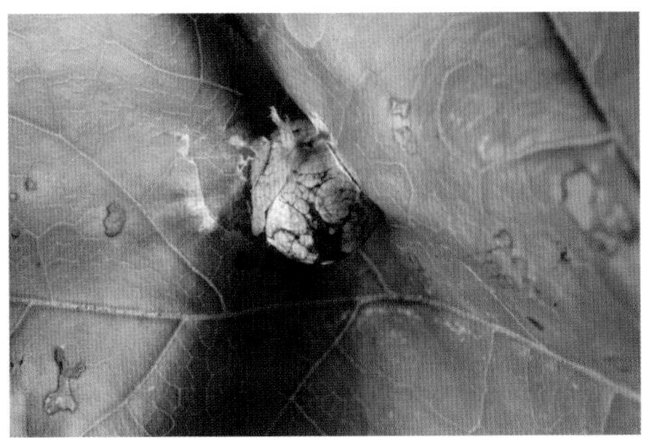

茧

005 长须刺蛾
Hyphorma minax Walker

分类地位 鳞翅目 Lepidoptera

刺蛾科 Limacodidae

分　　布 福建（福州、福鼎、连城）、华北、浙江、河南、湖北、江西、湖南、广东、广西、海南、四川、贵州、云南、甘肃；越南，印度，尼泊尔，印度尼西亚（武春生和方承莱，2010；齐石成等，2001）。

寄主植物 枫香、油桐、茶、油茶、樱花、麻栎、柿等（武春生和方承莱，2010；齐石成等，2001）。

危害特点 幼虫取食叶片。

形态特征

成虫 体长约14mm，翅展28～45mm。下唇须长，暗红褐色，向上伸过头顶，头部、胸背和腹背基毛簇红褐色，但后两者红色较浓。前翅茶褐色具丝质光泽，2条暗褐色斜线在前缘靠近翅尖几乎同一点伸出，内侧1条几呈直线向内斜伸至中室下角，外1条稍内曲伸达臀角。后翅色较前翅淡。

幼虫 幼虫黄绿色。老熟幼虫体长30～41mm，宽6～7mm；头浅黄褐色，体背黄色，体侧黄绿色略透明。体枝刺丛发达，前胸、中胸背面和侧面各有1对枝刺；后胸背面1对，侧面为1对浅灰色小毛瘤；第1～5腹节侧面枝刺各1对，第6～8腹节背面和侧面各1对；中、后胸及第6～7腹节背面的枝刺较长，黄色，枝刺端部为黑色圆球形；其余枝刺较短、颜色较浅，略透明；腹侧枝刺端部为黑色米粒状。中、后胸背面分布靛蓝色的斑纹；背线黄白色，具绿玉色宽边，亚背线黄色，下方衬绿色与黄色的窄边。

蛹 黄色，椭圆形，长约6mm，宽约4mm。

茧 黑褐色，圆形至短椭圆形，直径6～8mm，外围附有黑灰色的丝。

生物学特性

虫态不整齐。在福州植物园（福州国家森林公园）枫香树上7月下旬采集的幼虫，8月上旬开始结茧，蛹期40～50天，9月中下旬成虫羽化。8月下旬采集的中老龄幼虫，9月上旬开始结茧。成虫寿命6～8天。

幼虫具有群集性，在叶背取食、栖息。老熟幼虫食量大，结茧化蛹前体色鲜亮透明，在枝丫上结茧。成虫在晚上羽化，停息时中后足支撑起身体，使得头、胸部斜向上高高扬起，整体呈三角形。

蛹期天敌有寄生蝇。

成虫

成虫头部

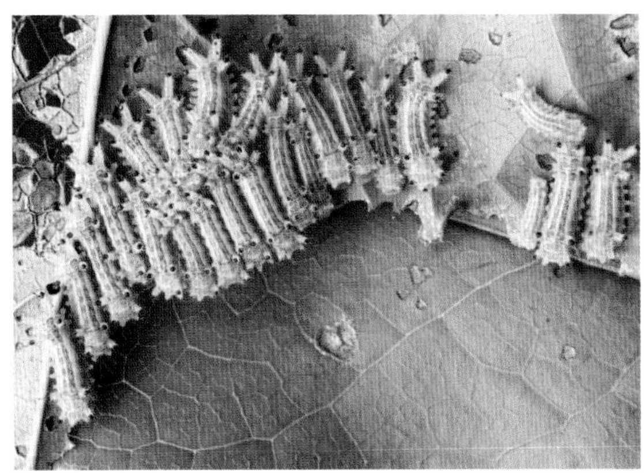

群集的幼虫

幼虫头部

大龄幼虫侧面观

大龄幼虫背面观

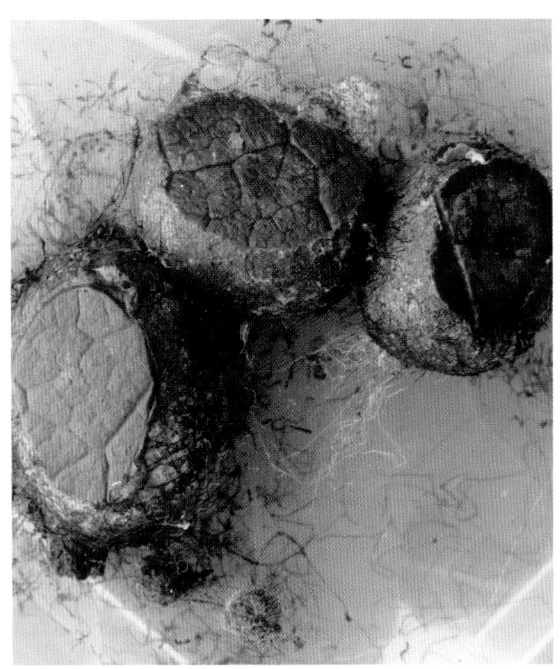

茧

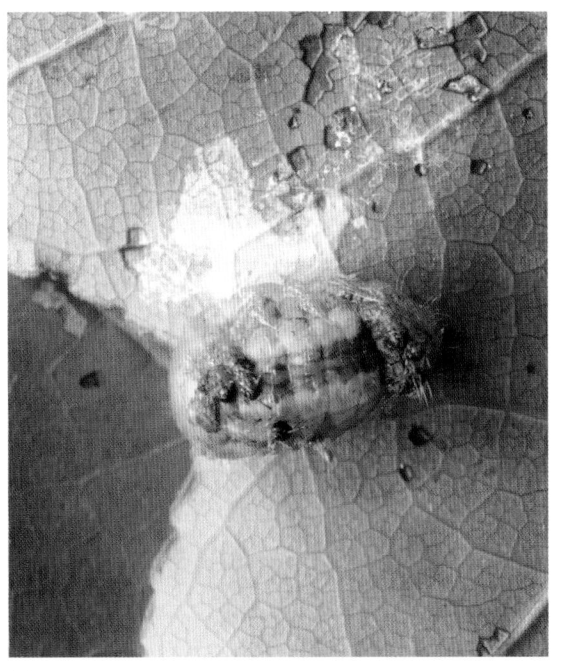

蛹

006 漪刺蛾

Iraga rugosa (Wileman)

分类地位 鳞翅目 Lepidoptera

刺蛾科 Limacodidae

分　　布 福建（武夷山、将乐、安溪、上杭、连城）、浙江、江西、湖北、湖南、广东、海南、四川、贵州、云南、陕西、甘肃、台湾（武春生和方承莱，2010；齐石成等，2001）。

寄主植物 枫香。

危害特点 幼虫取食叶片。

形态特征

成虫 体长约16mm，翅展约30mm。体和前翅暗紫褐色，体背中央红黄色似成1带；前翅具皱纹，在2脉基部、1a脉中央和臀角分别有1个红褐色斑点，其中以臀角斑点最大；后翅灰黑色。

幼虫 大龄幼虫浅黄色至橙黄色，胸部和腹部第6~8节橙黄色，体表散布有大量黑色芝麻状斑纹。胸部、腹部各体节背面和侧面均有1对乳白色瘤突，瘤突上着生黑色枝刺；其中，前胸、中胸背面的1对、后胸体上的2对以及第6~8腹节的瘤突较其他瘤突更发达；第7腹节侧面和第8腹节背面的瘤突基半部有黑色大斑。老熟幼虫体长24~26mm，宽6~7mm。

茧 黑褐色，外围附有少量白色的丝。短椭圆形，长径0.9~1.0mm，短径0.5~0.7mm。

生物学特性

2017年9月14日在福建省武夷山市五夫镇典村村枫香树上采集的幼虫，9月下旬开始结茧并越冬，2018年4月下旬羽化出成虫，越冬代虫体在茧内长达7个月。

幼虫聚集在叶背取食、栖息。老熟幼虫食量大，结茧化蛹前体色鲜亮略透明，在枝丫、叶背或入土结茧化蛹。

漪刺蛾幼虫期有两种寄生蜂。其中一种姬蜂寄生后结茧似金蛋，长约6mm，宽约3.5mm，椭圆形，金黄色，略透明，没有钙质茧壳，茧内虫体隐约可见，茧近中部一圈颜色较深，疑似茧内容物两极分隔层；2018年9月20~21日结茧，26~27日每个茧内羽化出1头姬蜂。另一种茧蜂寄生后，幼虫停食4~5天后寄生蜂羽化，每只漪刺蛾幼虫出茧蜂7~8头。

展翅成虫（雄）

新羽化成虫（雄）

新羽化雄成虫和茧壳

幼虫背面

幼虫侧面

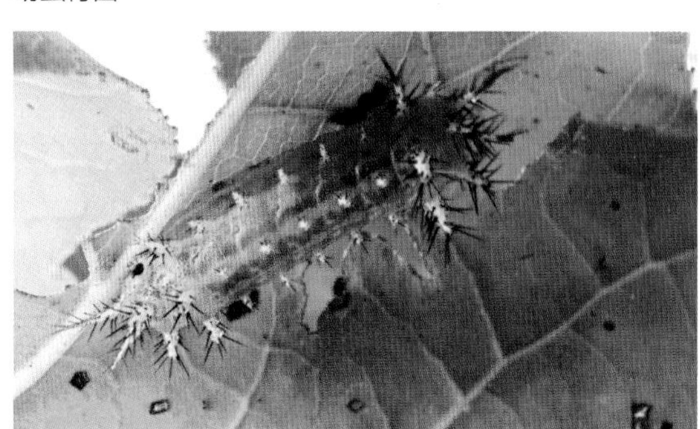
刚蜕皮的幼虫

茧

被一种茧蜂寄生的幼虫

羽化出的茧蜂和被寄生幼虫的空壳

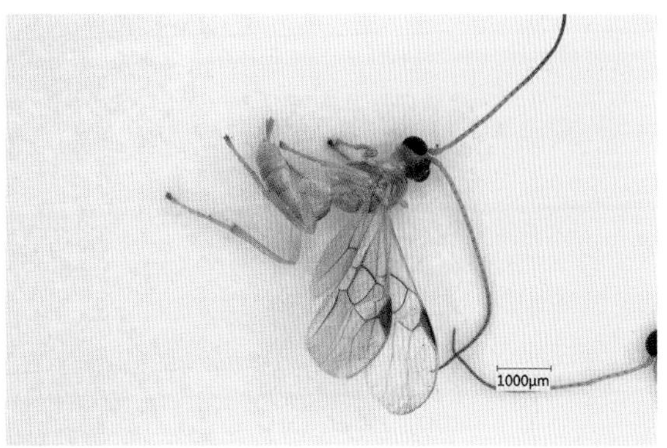

寄生的茧蜂

被姬蜂寄生的幼虫结茧现象

姬蜂羽化后的茧壳

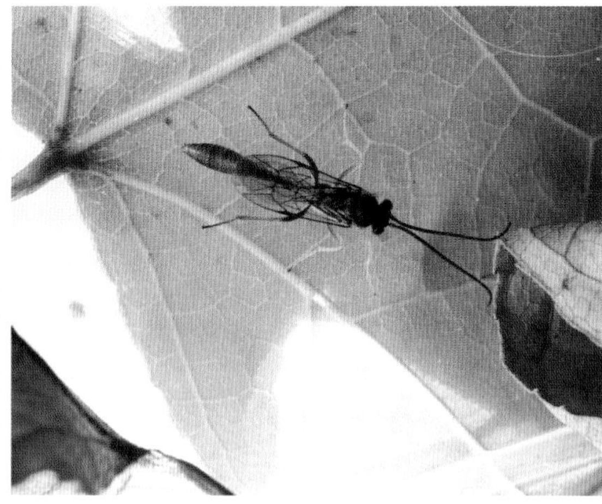
羽化出的姬蜂

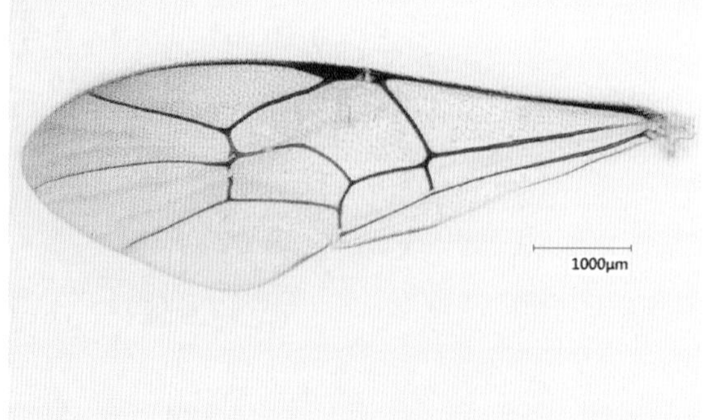

姬蜂前翅

007 蜜焰刺蛾

Iragoides melli Hering

分类地位　鳞翅目 Lepidoptera

刺蛾科 Limacodidae

分　　布　福建（晋安、南靖、武夷山）、浙江、安徽、江西、河南、湖北、湖南、广东、广西、海南、四川、贵州、云南、台湾（武春生和方承莱，2010；Wu and Fang，2008）。

寄主植物　枫香、油桐、茶、油茶。

危害特点　幼虫取食寄主植物叶片。

形态特征

成虫　翅展22~24mm。触角基部有银白色点。身体红褐色，腹部基部背面常呈杏红色。前翅红褐色，基部常有丰富的黑褐色鳞片；有1条暗银灰色的斜线从前缘翅顶之前伸达后缘中央；古铜色的亚缘带后留下较宽的紫褐色外缘区；臀角区锈红色。后翅褐色。雌蛾前翅的银灰色斜线较不规则，翅面有较多的松散鳞片（武春生和方承莱，2010）。

幼虫　老熟幼虫体长17~20mm，宽5~6mm。头小，缩入胸内。胸部背面和第8腹节背面各有1对斜向上伸的长枝刺；体背黄绿色，具有1条连续的淡紫至黄褐色斑带并延续到长枝刺的基半部；在每对长枝刺色斑的中间嵌有1个呈菱形的黄绿色斑；腹部第3~4节、第6节背面色斑最窄，背面的色斑带呈2个哑铃状。体侧浅绿色，各节均有1对同体色的短枝刺。

茧　棕色。

生物学特性

2016年5月31日在福建省林业科学研究院枫香树上采集的幼虫，6月3日结茧，6月30日成虫羽化。7月25日采集的幼虫，8月23日羽化成虫。

成虫背面

成虫侧面

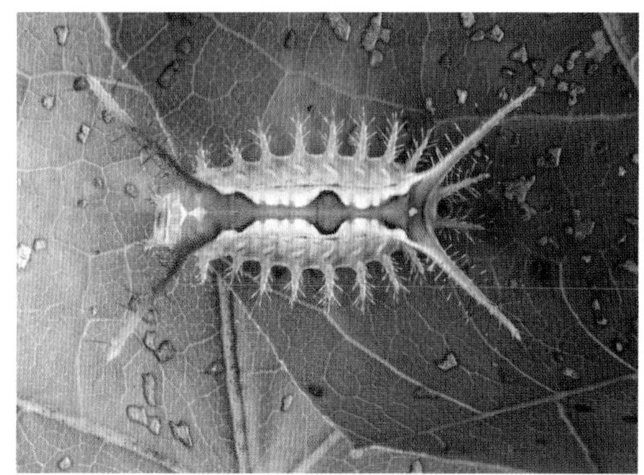

幼虫（枝刺黄褐色型）

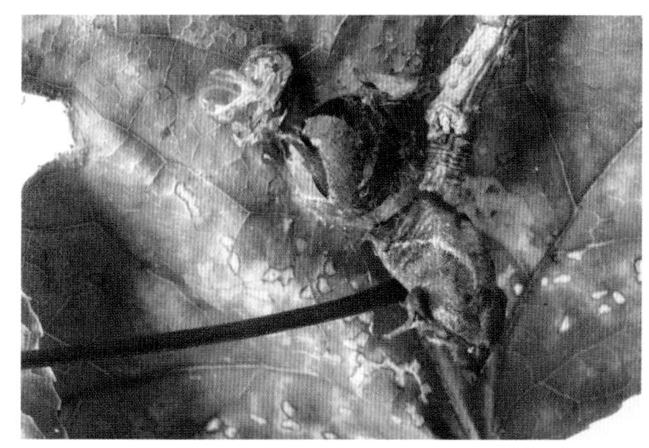

刚羽化出的成虫与茧壳

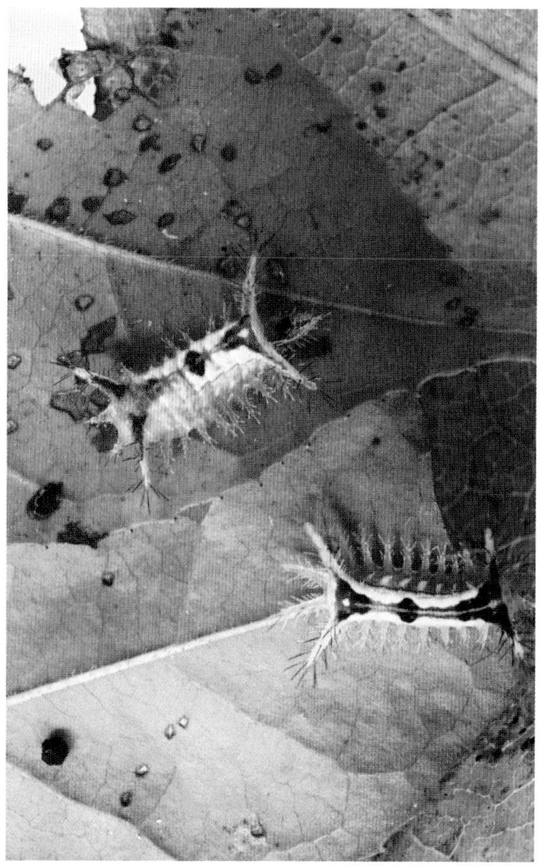

不同色型的幼虫

幼虫（枝刺浅紫色型）

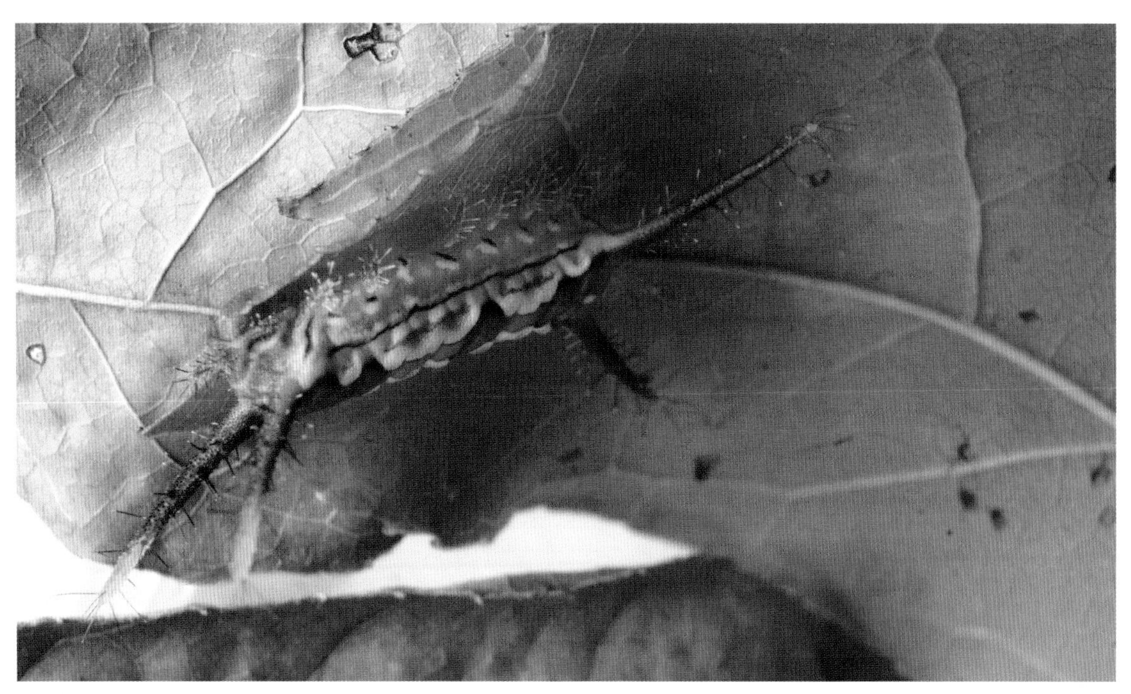

幼虫侧面观

取食中的幼虫（示头部）

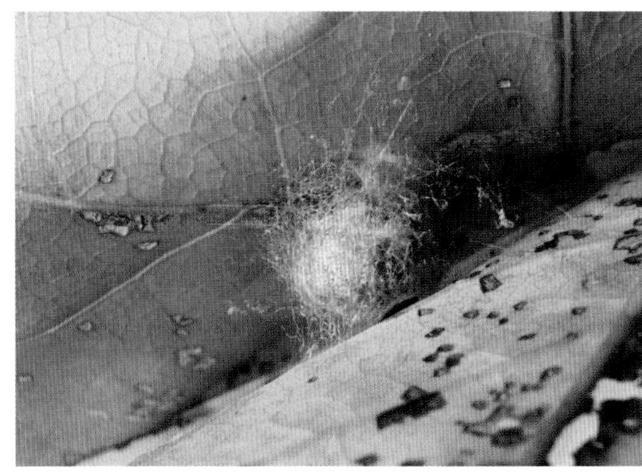

茧（黄褐色型）

茧（黑褐色型）

008 中国绿刺蛾
Latoia sinica Moore

中文别名 苹绿刺蛾、中华绿刺蛾、绿刺蛾、褐袖刺蛾、小青刺蛾

分类地位 鳞翅目 Lepidoptera 刺蛾科 Limacodidae

分　　布 福建（晋安、南平、沙县）、河北、辽宁、吉林、黑龙江、上海、江苏、浙江、江西、山东、湖北、重庆、四川、贵州、云南、台湾等（齐石成等，2001）。

寄主植物 枫香、杨、柳、榆、核桃、樱花、苹果、梨、桃、刺槐、梧桐、李、樱桃、柑橘、山楂、柿、栗、枣、杏梅、栀子、紫藤等（齐石成等，2001）

危害特点 初龄幼虫群集取食叶肉，受害叶片成网状；大龄幼虫取食叶片造成缺刻或孔洞，严重时常将叶片吃光，从而影响树木生长。

形态特征

成虫 体长9~12mm，翅展23~29mm。头顶和胸背绿色，腹背灰褐色，末端灰黄色。前翅绿色，基部灰褐色斑在中室下缘呈三角形，前缘有细的黄褐色边，外缘灰褐色带，向内弯，呈齿形曲线；缘毛褐色。后翅灰褐色，臀角稍带淡黄褐色。

卵 呈块状鱼鳞形，单粒卵扁平椭圆形，长径约1.0mm，短径约0.7mm，初产时稍带蜡黄色，孵化前变深色。

幼虫 初孵幼虫体黄色，近长方体。随虫体发育，体线逐渐明显；体色由黄绿转变为黄蓝相间，头褐色，缩于前胸下。老熟幼虫体长15mm左右，前胸背板半圆形，上有2个小三角形黑斑。中、后胸及腹部各节均着生瘤突，其上有基部为黄绿色、端部为黑色的螯刺；沿侧线和气门线共4列；亚背刺列黄绿色，第1腹节枝刺退化，中胸及腹部第2、8、9节枝刺较大，且中胸及腹部第2、8节枝刺端半部为黑色；侧刺列枝刺为蓝绿色，第9腹节枝刺基半部为黑色；第10腹节枝刺仅1对并列，且基半部为黑色。背线由双行蓝绿色斑纹组成，侧线浅黄色，气门上线灰绿色，气门线黄色。幼虫腹面黄白色，老熟幼虫变为红褐色。

蛹 长8~11mm，初为乳白色，隔天后即变成黄白色，羽化前为黄褐色。

茧 椭圆形，略扁，长约11mm，宽约7mm，厚约5mm，外被一层灰褐色丝网，质硬。

生物学特性

一年2~3代，以老熟幼虫在松土层中结茧越冬（薛国杰等，1993）。在福州一年3代，越冬代老熟幼虫于11月在枝干上结茧越冬，翌年4月化蛹，成虫分别于5月、7月和9月中下旬出现。

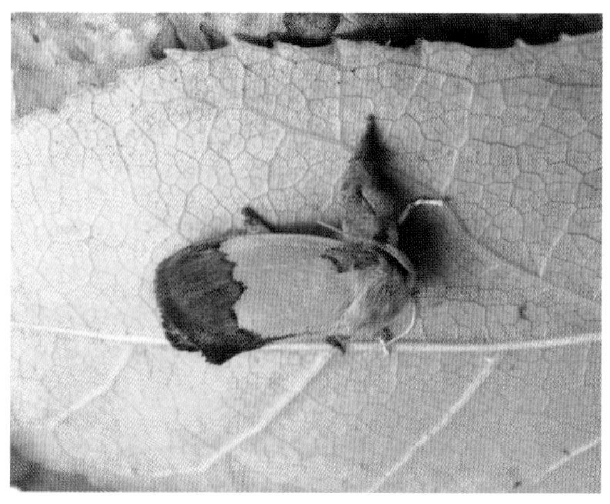

成虫侧面

成虫背面

成虫多在18：00~20：00羽化，羽化后当天即可交配，交配时间常达12~24小时。交配后第2天开始产卵，卵多产在叶背，少数产在叶表面，成鱼鳞状排列。成虫寿命3~7天。初孵幼虫有取食卵壳习性，初龄幼虫有群集性，叶片被啮食成筛网状。4龄后食量大增，严重时仅剩叶柄。老熟幼虫在被害株枝干分叉处及树干粗皮裂缝中结茧，也有少数在基部松土层中结茧。

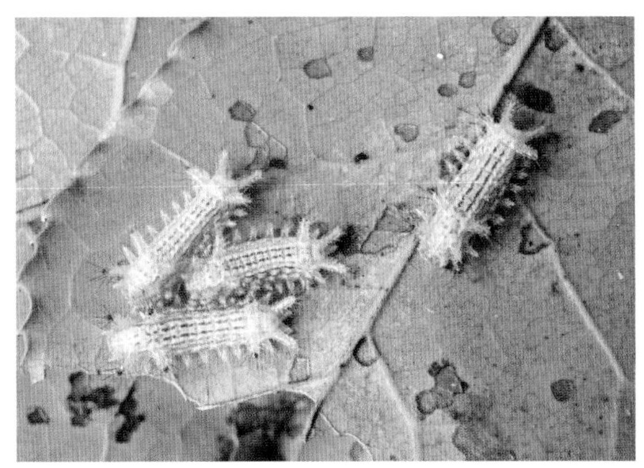

中龄幼虫

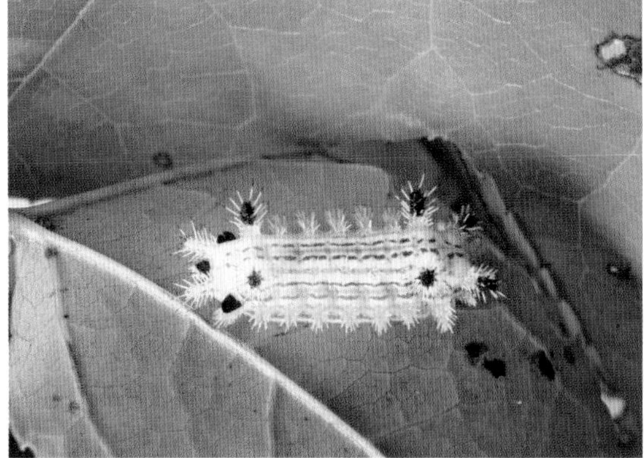

大龄幼虫侧面

大龄幼虫背面

大龄幼虫（示头胸部）

大龄幼虫

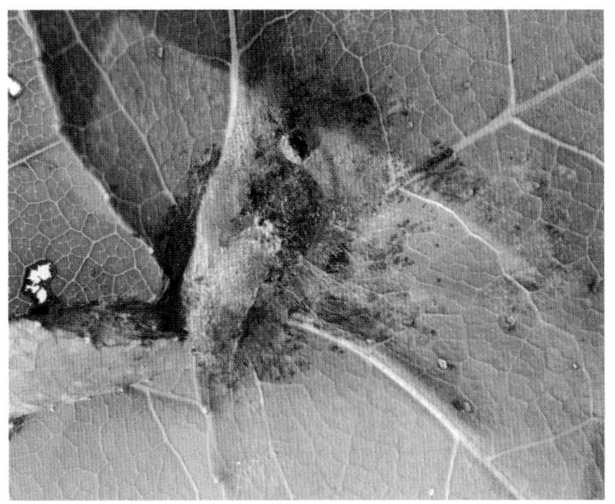

茧

009 光眉刺蛾 *Narosa fulgens* Leech

分类地位 鳞翅目 Lepidoptera

刺蛾科 Limacodidae

分　　布 福建（福州、南靖、延平、武夷山）、北京、浙江、安徽、江西、山东、河南、湖北、湖南、广西、海南、四川、云南、甘肃、台湾；韩国，日本（虞国跃，2015；Wu and Fang，2009）。

寄主植物 枫香（潘爱芳等，2017）。

危害特点 幼虫取食枫香叶片。

形态特征

成虫 翅展约19~23mm，体长约7~9mm。身体浅黄色，背面掺有红褐色。前翅浅黄色，布满淡红褐色斑点，内半部有3~4个，不清晰，向外斜伸，仅在后缘较可见；中央1个，较大、较清晰，呈不规则弯曲；沿中央大斑外缘有1条浅黄白色的外线，外线内侧具小黑点；端线由1列小黑点组成。后翅浅黄色，端线暗褐色隐约可见。一些个体翅面的红褐色斑纹淡化，仅隐约可见。

本种外形与波眉刺蛾*Narosa corusca* Wileman很相似，几乎无法区分；雄性外生殖器也很相似，但本种阳茎端基环末端有2对刺突（武春生和方承莱，2010）。因此，如果不解剖外生殖器，将无法正确区分这两个种。

幼虫 体无枝刺，老熟幼虫黄绿色，体长约10mm，宽约4mm；体中部凸起，呈龟板形，外缘裙边浅绿色，略透明。头小，缩于前胸下。前胸、中胸红褐色。背线淡黄色，不明显；各腹节背面中央有1个浅黄色的半圆形斑，斑中部为1个深绿色的斑点；亚背线隆起，黄色至黄绿色，第2～10腹节亚背线有紫褐色的斑，其中第4~8腹节的斑明显。亚背线下方有2列浅黄色斑，外缘裙边有1列浅黄镶以紫褐色的长形斑。

茧 黄褐色至黑褐色，有稀疏黑色斑纹。短椭圆形，长约6mm。

生物学特性

2017年9月14日在福建省武夷山市新丰镇里洋村凹头自然村枫香树叶片背面采集的幼虫，带回福建省林业科学研究院（福州）室内饲养，9月29日结茧越冬；2018年5月28日成虫羽化。

幼虫爬行缓慢，从叶缘取食叶片呈缺刻，大龄幼虫可取食叶片至中脉处。老熟幼虫体色变暗，在叶片间化蛹。

成虫

幼虫

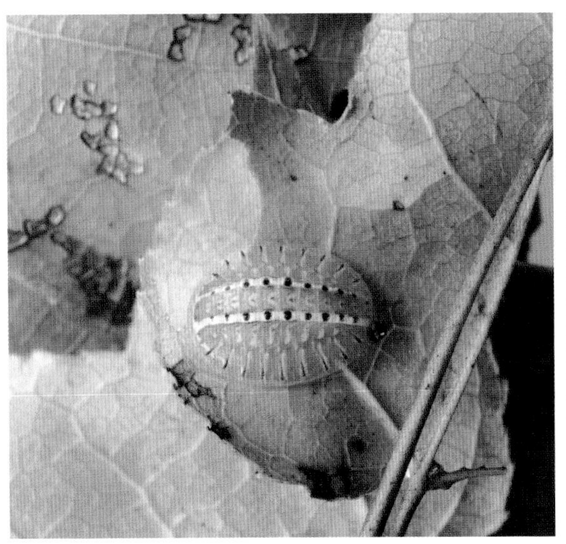
近老熟幼虫

茧

010 黑眉刺蛾

Narosa nigrisigna Wileman

中文别名 苻眉刺蛾、黑纹白刺蛾

分类地位 鳞翅目 Lepidoptera

刺蛾科 Limacodidae

分　　布 福建（武夷山）、北京、河北、辽宁、山东、浙江、江西、湖南、广西、四川、云南、陕西、甘肃、台湾（武春生和方承莱，2009，2010）。

寄主植物 枫香、油桐、大豆等（陈忠泽等，1990）。

危害特点 幼虫取食叶片。

形态特征

成虫 雌蛾体长7~8mm，翅展18~22mm。雄蛾体长5~6mm，翅展15~18mm。体淡黄，触角丝状，黄色。前翅淡黄色，翅面散生褐色云斑，顶角处颜色较暗，近似三角形，内侧有一个近“S”形黑褐色斜纹，缘毛较长，灰黄色；后翅灰白色，足上有淡黄色长毛。

卵 扁椭圆形，鲜黄色，长径0.7~0.8mm，短径0.5~0.6mm。

幼虫 体无枝刺，淡绿色或鲜绿，体中部凸起，呈龟板形，外缘裙边浅绿色，略透明。头小，缩于前胸下；前胸、中胸红褐色。大龄幼虫黄绿至淡黄色，体长8~9mm，宽4.5~5.5mm；背线淡黄色，不明显；各腹节背面中央有1个浅黄色的蝴蝶斑，蝴蝶斑中部为1个深绿色的斑点；亚背线隆起，黄色至黄绿色，第2~10腹节亚背线有红褐色的斑，其中第2~4、6~8腹节明显，尤以第4、6腹节的斑最大；亚背线下方有3列浅黄色斑。在茧中化蛹前的幼虫均为近黄色。

茧 黄褐至灰褐色，有稀疏黑色斑纹。短椭圆形，长约5mm。茧两端各有1个圆形灰白斑，直径约2mm，白斑中间有1个褐色圆斑。在林间，凡白斑朝上的一方为成虫羽化孔。石灰质状坚硬外壳，起保护老熟幼虫、蛹作用。

蛹 黄棕色。

生物学特性

2017年9月14日在福建省武夷山市新丰镇里洋村凹头自然村枫香树叶片背面采集的幼虫，带回福建省林业科学研究院（福州）室内饲养。幼虫爬行缓慢，从叶缘取食叶片呈缺刻，大龄幼虫可取食叶片至中脉处，老熟幼虫体色变暗；2017年9月20日结茧越冬，2018年5月17日羽化成虫。

在浙江金华油桐树上一年发生3代（陈忠泽等，1990），世代重叠。第1代幼虫5月下旬出现，第2代幼虫8月上旬出现。幼龄幼虫取食叶肉，老龄幼虫蚕食全叶。夏秋季节同一时期3个

成虫侧面

成虫背面

虫态并存。第1、2代绝大多数在叶片上结茧，茧期约10天，蛹期约2~3天。越冬代老熟幼虫于10月下旬在枝椏或枝梢上结茧，虫口密度高时，茧上结茧，形成叠罗汉状的茧堆。老熟幼虫在茧内越冬，越冬茧期长达6个月，蛹期约10天，翌年5月上旬羽化成虫。成虫白天静伏叶背面，夜晚活跃，具趋光性，寿命3~5天。卵散产在叶子的背面，初产卵呈小球状，干后形成半透明的薄膜保护卵块。每一卵块有5~8粒卵，卵期7天左右。

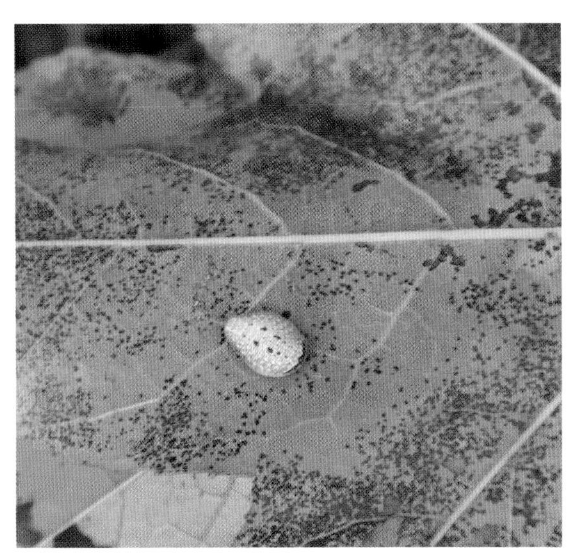

中龄幼虫

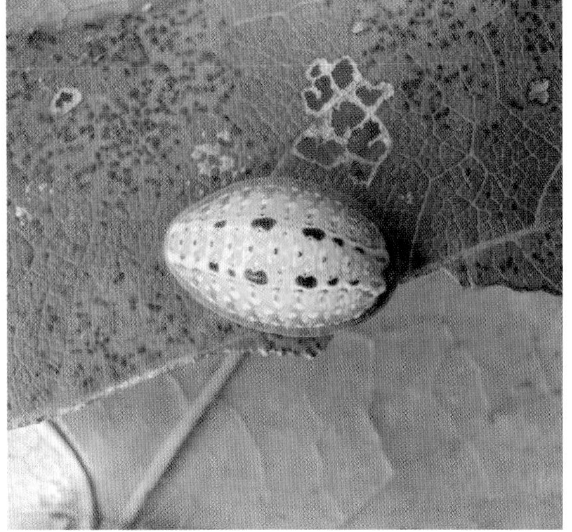

大龄幼虫

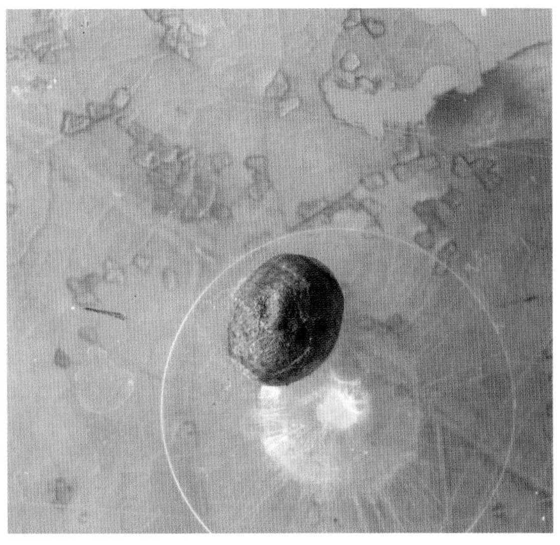

茧

羽化后的茧壳

011 黄褐球须刺蛾
Scopelodes testacea Butler

分类地位 鳞翅目 Lepidoptera
刺蛾科 Limacodidae

分　　布 福建（晋安）、浙江、广东、广西、四川、云南；印度，斯里兰卡，马来西亚，印度尼西亚等（伍有声和高泽正，2004）。

寄主植物 杂食性害虫，寄主有枫香、香蕉、大蕉、红花蕉、黄苞蝎尾蕉、龙眼、荔枝、杧果、扁桃、人面子、洋蒲桃、马六甲蒲桃、蝴蝶果、鹤望兰、八宝树、无忧花、肥牛木、密鳞紫金牛等多种林木、水果（伍有声和高泽正，2004）。

危害特点 幼虫取食叶片，大发生时可将整株树叶吃光。

形态特征

成虫 雌蛾体长18~23mm，翅展26~30mm；体黄褐色，触角较长，近基部约3/5部分为丝状，其余部分单栉齿状；下唇须基部较细向端部渐粗，大部分暗褐色，近端部白色，末端黑褐色；前翅黄褐色具闪光鳞片，后翅色淡，近翅缘色较深；足灰黄褐色，被棕色及灰白色鳞毛，跗节鳞毛颜色较深。雄蛾体长18~22mm，翅展20~23mm；触角较短，基部约1/3部分为双栉齿状，其余部分单栉齿状；前翅暗灰褐色，闪光，外缘色较深；后翅灰黄褐色，臀区污黄色；足大部分被灰黑色鳞毛。雌雄蛾腹部第2~7腹节背面中央各有1弧形黑色斑，腹面中央各有1对黑斑，斑之间为灰黄色闪光鳞片，腹末具黑色毛刷。

卵 黄色具光泽，椭圆形，长2.3~3.4mm，宽1.4~2.0mm。

幼虫 老熟幼虫乳黄色至黄色，表面密布褐色椭圆形小斑；长椭圆形，长40~46mm，宽20~22mm（包括枝刺），高约15mm；头浅黄褐色，前胸浅褐色。体枝刺丛发达，前胸背面和侧面各有1对，中、后胸背面各1对，中后胸之间侧刺丛1对，第1~7腹节背面和侧面刺丛各1对，其

成虫

成虫头部

初孵幼虫及孵化后的卵壳

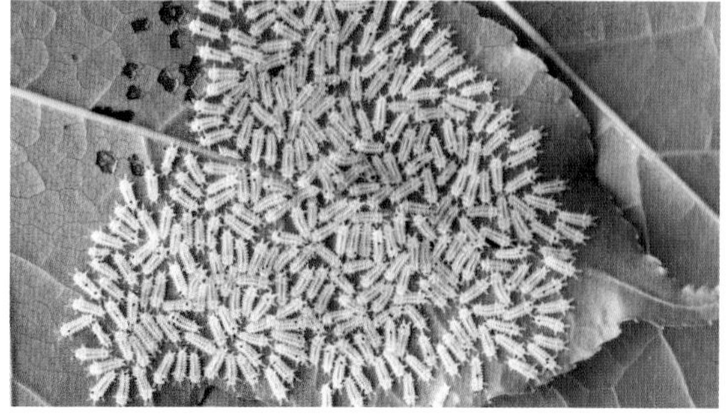
2龄幼虫

3龄幼虫

4龄幼虫

5龄幼虫

6龄幼虫（5龄幼虫刚蜕皮）

中第7腹节的1对侧刺丛短小，其背面为1个绒状大黑斑，刺丛端黄褐色，第8腹节背面刺丛1对，刺丛基部有一绒状黑斑；所有刺毛的端部黑褐色；中、后胸及第1~7腹节背中线两侧各有1个靛蓝色斑点（有的个体斑点消失），蓝色斑后面有一浅黄色扁圆形框，该框与背线构成近“中”字形斑；第1~6腹节侧面各有1个近长椭圆形稍向后倾斜的浅蓝色斑，后面有一褐色斑。

蛹　浅黄色，翅色较深，复眼黑褐色，长约20mm，宽约12mm。

茧　土黄至黑褐色，短椭圆形，长20~23mm，宽16~18mm。

生物学特性

在福州枫香树上一年2代，以老熟幼虫结茧越冬，越冬代成虫5月上中旬出现。第1代卵5月中旬出现，卵期5~7天；第1代幼虫发生期在5月下旬至6月底，取食期约40天，幼虫历期86天。6月下旬开始结茧，在茧内预蛹期40~50天，8月中旬陆续化蛹，蛹期约28天。第1代成虫8月中旬开始出现，8月下旬至9月上旬为羽化高峰。第2代卵在8月中旬出现，8月中旬至11月下旬均见第2代幼虫危害。幼虫取食期约60天，在茧内的前蛹期约150天，该代幼虫历期210天左右，蛹期约17天。幼虫共8~9龄，极少数10龄。以老熟幼虫在土表及寄主基部附近松土或枯枝落叶处结茧。成虫有趋光性，晚上羽化，羽化当天交尾产卵。卵大多产在叶片背面前半部分，呈鱼鳞状排列，蜡黄色，具光泽，每卵块含卵210~420粒。幼虫孵化后，通常吃掉大部分卵壳。幼虫7龄前群集于叶背取食活动，2~4龄啃食叶片下表皮和叶肉，留下半透明的上表皮，5龄后从叶缘向内咬食叶片。7龄后开始分散取食，可吃掉全叶。第1代幼虫中后期，大量个体往往因感染多角体病毒、白僵菌或被寄生蜂寄生等而死亡。

6龄幼虫

茧

被绒茧蜂寄生的幼虫

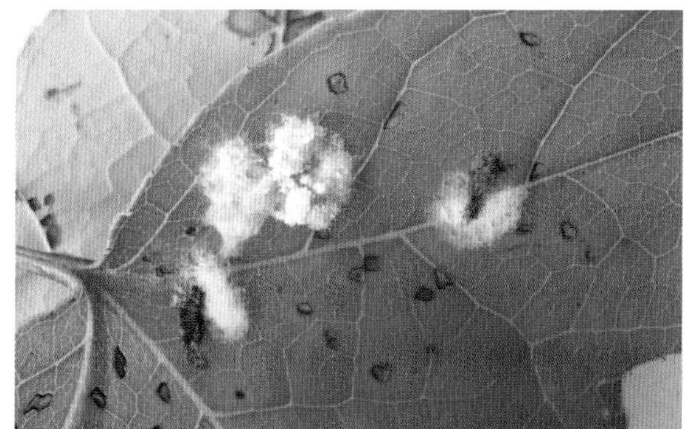

被白僵菌感染的幼虫

被一种线虫寄生的幼虫

脱出的线虫与死幼虫

012 中国扁刺蛾

Thosea sinensis（Walker）

分类地位　鳞翅目 Lepidoptera

刺蛾科 Limacodidae

分　　布　广布于全国各地（武春生和方承莱，2010；齐石成等，2001；严衡元，1992）。

寄主植物　枫香、喜树、梧桐、苦楝、柑橘、栀子、樟、乌桕、茶、油茶、枫杨、刺槐、白杨、泡桐、枣、苹果、梨、桃、红叶石楠、桑、桂花等多种林木和果树（武春生和方承莱，2010；齐石成等，2001；严衡元，1992；汪广和章士美，1953）。

危害特点　以幼虫取食叶片危害，发生严重时，可将寄主叶片吃光，严重影响生长。

形态特征

成虫　雌蛾体长13~18mm，翅展28~35mm。体暗灰褐色，腹面及足的颜色更深。前翅灰褐色、稍带紫色，中室的前方有一明显的暗褐色斜纹，自前缘近顶角处向后缘斜伸。雄蛾中室上角有一黑点（雌蛾黑点不明显）。后翅暗灰褐色。

卵　扁平光滑，椭圆形，长径1.2 ~ 1.4mm，短径0.9 ~ 1.2mm。初为淡黄绿色，孵化前呈灰褐色。

幼虫　老熟幼虫体长22~27mm，宽14~17mm。体扁、椭圆形，背部稍隆起，形似龟背。全体绿色或黄绿色，背部有白色线条贯穿头尾；背侧各节枝刺不发达，上着生多数刺毛；中、后胸枝刺明显较腹部枝刺短，腹部各节背侧和腹侧间有一条黄白色线，基部各有红色斑点1对（朱弘复等，1979）。

蛹　长10~15mm，前端肥钝，后端略尖削，近似椭圆形。初为乳白色，近羽化时变为黄褐色。

茧　圆形至短椭圆形，长12~16mm，宽11~14mm。暗褐色，形似鸟蛋。

低龄幼虫

生物学特性

一年2~3代，以老熟幼虫在树下3~6cm土层内结茧，以前蛹越冬（崔林和刘月生，2005；汪广和章士美，1953）。4月中旬开始化蛹，5月中旬至6月上旬羽化；第1代幼虫发生期为5月下旬至7月中旬，第2代幼虫发生期为7月下旬至9月中旬，第3代幼虫发生期为9月上旬至10月。

成虫多在黄昏羽化出土，有强趋光性，羽化后稍停息即可交配产卵，多散产于叶面上。卵期7天左右。初孵化的幼虫停息在卵壳附近，并不取食，蜕第1次皮后，先取食卵壳，再啃食叶肉，仅留一层表皮。幼虫取食不分昼夜。幼虫共8龄，6龄起可食全叶，虫量多时，常从一枝的下部叶片吃至上部，每枝仅存顶端几片嫩叶。老熟幼虫多夜间下树入土结茧，结茧部位的深度和距树干的远近与树干周围的土质有关，黏土地结茧位置浅，距离树干远，比较分散；腐殖质多的土壤及砂壤土地，结茧位置较深，距离树干较近，而且比较集中。0~6cm土壤深度，距离树干60cm范围内茧数较多。

大龄幼虫

茧

幼虫头部与腹面

013 沙罗双透点黑斑蛾 *Trypanophora semihyalina argyrospila* Walker

中文别名　网翅锦斑蛾

分类地位　鳞翅目 Lepidoptera

斑蛾科 Zygaenidae

分　　布　福建（晋安、洛江、建阳）、四川、贵州、香港等地（宋士美，2001a）。

寄主植物　枫香、油茶、茶、毛苍、小果柿、榄仁、云南石梓、罗氏娑罗双等（何学友，2016；宋士美，2001a）。

危害特点　幼虫取食寄主植物叶片。

形态特征

成虫　雄蛾体长10~13mm，翅展31~35mm。体翅蓝黑色，触角蓝黑色短双栉齿状。胸部两侧有橙黄色斑纹。腹部第1~4节腹面及两侧橙黄色，第5~6节橙黄色，其他蓝黑色。前翅底色蓝黑色，基部有2个透明斑纹，基角黄色，中室外半部及周围透明，翅脉黑色，中室端有一黑斑，顶角、外缘及后缘黑色。后翅前缘赭黄色，顶角及后缘蓝黑色，其他透明，翅脉黑色。

幼虫　老熟幼虫体长18~25mm，宽6~8mm。头小缩在前胸下，棕黄色；体扁阔肥厚，近长方形而中部较宽；体背黑褐色至第6腹节色带渐细止于第9节，并由黄色替代。体多疣突并生有短毛。中胸1对黑色疣突，2对红色疣突；后胸3对黑色疣突，1对红色疣突；腹部第1~6节背面2对黑色疣突，第7~8背面1对黑色疣突。第1~5腹节气门线上疣突红色，第6~8腹节气门线上疣突为黄白色，第9~10腹节疣突为浅黄色。

蛹　橘黄色，锥形，长12~14mm，宽4~6mm。近羽化时颜色变深，棕黄色。

茧　灰白色，丝质，长20~25mm，宽

成虫背面

8~12mm。扁椭圆形贴于叶面。

生物学特性

在福建福州，越冬代幼虫11月中旬结茧化蛹，成虫翌年4月上中旬羽化。8~11月枫香树上可见幼虫、蛹和成虫，预蛹期4~5天，蛹期11~14天。

成虫多在晚上羽化，善飞翔，有趋光性。幼龄幼虫取食叶肉，留下上表皮，形成黄色透明枯斑；具假死性，受惊后能迅速坠地。大龄幼虫行动迟缓，即使碰触也只缓慢爬行；受惊时体收缩，背部分泌出液体；每天可取食半片叶。老熟幼虫停食3~5天，寻找叶片正面合适位置吐丝将其微卷，在其上面结茧化蛹。幼虫天敌有茧蜂。

幼虫天敌——绒茧蜂

停息在叶片上的成虫

成虫腹面

初羽化的成虫

取食叶片的幼虫

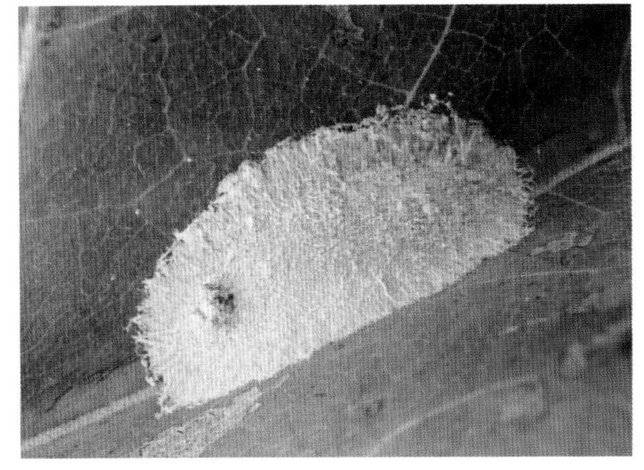

茧

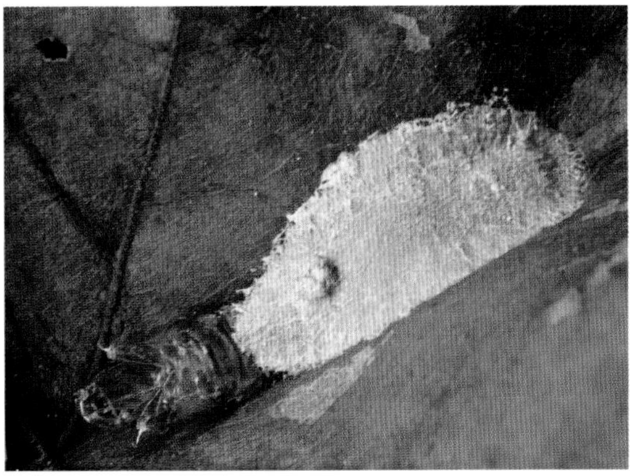

成虫羽化后的蛹壳

刺蛾、斑蛾防治方法

1. 营林措施

修枝亮脚，垦覆灭蛹。将植株根际附近的表土层，翻入底部，用新土把根际培高10cm，压紧，可有效阻碍虫蛹羽化出土。

2. 人工防治

（1）摘除卵块

结合抚育管理，摘除刺蛾卵块。摘除的卵块宜放在寄生蜂保护器中，以利卵寄生蜂羽化后飞回林间。

（2）处理幼虫

刺蛾的幼龄幼虫大多群集取食，被害叶呈现半透明白色斑块，此时斑块附近常栖有大量幼虫，症状易发现。及时摘除带虫枝、叶加以处理。剪除时避免刺蛾幼虫枝刺接触人体，引起红肿和灼热疼痛。刺蛾的老熟幼虫常沿树干下行至干基或地面结茧，可采取树干绑草等方法诱集并及时予以清除。

（3）清除虫茧

根据不同害虫种类结茧化蛹场所，采用铲、挖、剪除等方法，清理被害株枝干、林间土石缝隙、落叶杂草上的虫茧。特别是越冬代历期长，可集中清理。

3. 生物防治

每公顷施放100亿孢子/g的白僵菌粉剂7.5~15.0kg，在高湿条件下防治低龄幼虫。喷施苏云金杆菌可湿性粉剂（8000IU/mg）150~200倍液。核型多角体病毒、质型多角体病毒对刺蛾感染率较高（宋新强等，2000；周性恒等，1985），可将患此病的幼虫引入非发病区；将感病刺蛾（含茧）粉碎，于水中浸泡24小时，离心10分钟，以粗提液20亿多角体（PIB）/mL的病毒稀释1000倍液喷杀3~4龄幼虫。刺蛾的天敌较多，卵期、幼虫天敌有赤眼蜂、姬蜂、小蜂、绒茧蜂、寄生蝇、猎蝽、螳螂等，应注意保护利用；可采集其虫茧放入天敌保护器或纱笼中，待天敌羽化后飞出。

4. 物理防治

成虫具较强的趋光性，在成虫羽化高峰期于19：00~21：00用灯光诱杀。

5. 药剂防治

加强测报，爆发成灾时，可用药剂防治（药剂种类参考附表2），尽量在3龄幼虫之前用药。刺蛾低龄幼虫对药剂敏感，一般触杀剂均有效，如2次连用应间隔7~10天。

取食枫香叶片的一种刺蛾

取食枫香叶片的一种刺蛾

第三节

卷蛾科 Tortricidae、网蛾科 Thyrididae、螟蛾科 Pyralidae

014 茶长卷蛾
Homona magnanima Diakonoff

中文别名　褐带长卷叶蛾、后黄卷叶蛾、茶淡黄卷叶蛾，是柑橘长卷蛾*H. coffearia* Nietner的近似种

分类地位　鳞翅目 Lepidoptera
卷蛾科 Tortricidae

分　　布　福建全省。淮河以南，西自云南、贵州、四川，东至东南沿海、台湾，南至广东、广西、海南。西藏、陕西不详（张汉鹄和谭济才，2004）。

寄主植物　枫香、油茶、茶、栎、樟、柑橘、柿、梨、桃、水杉、女贞等多种植物（顾华等，2009；李兆玉等，1995）。

危害特点　初孵幼虫缀结叶尖，潜居其中取食上表皮和叶肉，残留下表皮，导致卷叶呈枯黄薄膜斑，大龄幼虫食叶成缺刻或孔洞。

形态特征

成虫　雌蛾体长8~13mm，翅展23~31mm，体浅棕色；触角丝状；前翅近长方形，浅棕色，翅尖深褐色，翅面散生很多深褐色细纹，有的个体中间具一深褐色的斜形横带，翅基内缘鳞片较厚且伸出翅外；后翅肉黄色，扇形，前缘、外缘色稍深或大部分茶褐色。雄蛾体长8~11mm，翅展19~23mm；前翅黄褐色，基部中央、翅尖浓褐色，前缘中央具一黑褐色圆形斑，前缘基部具一

雌蛾（寄主枫香）

雄蛾（寄主油茶）

雌幼虫（寄主枫香）

浓褐色近椭圆形突出，部分向后反折，盖在肩角处；后翅浅灰褐色。

卵 长约0.9mm，扁平椭圆形，初产乳白色，后浅黄色。

幼虫 老熟幼虫体长18~26mm，体黄绿色，头黄褐色，前胸背板前缘黄绿色，后缘及两侧暗褐色，胸足色暗。雄性幼虫在第5腹节背中线两侧可见1对卵形浅黄色的精巢器官芽，可与雌性幼虫相区别。

蛹 长11~15mm，纺锤形，深褐色，臀棘长，有8个钩刺。

生物学特性

在枫香树上发生世代不明。2016年6月上旬在福建漳平枫香树上采集的幼虫，下旬羽化出成虫。2017年8月31日在福建省霞浦县牙城镇渡头村采集的幼虫，9月11日羽化出成虫。

在茶叶、油茶上危害，浙江、安徽一年发生4代，湖南一年4~5代，福建、台湾6代，以幼虫蛰伏在卷苞里越冬。翌年4月上旬开始化蛹，4月下旬成虫羽化产卵（李国元等，2005；张汉鹄和谭济才，2004；张灵玲和关雄，2004；周性恒等，1993）。第1代卵期4月下旬至5月上旬，幼虫期5月中旬至5月下旬，蛹期5月下旬至6月中旬，成虫期6月。第2代卵期6月，幼虫期6月下旬至7月上旬，7月上中旬进入蛹期，成虫期7月中旬。7月中旬至9月上旬发生第3代，9月上旬至翌年4月发生第4代。该虫卵期6~10天，平均8天；幼虫期19~30天，平均25天；蛹期5~15天，平均11天；成虫寿命6~10天，平均8天；一个世代历期38~65天。

成虫多于下半夜至清晨羽化，日落后或日出前1~2小时最活跃，有趋光性、趋化性。成虫羽化后当天即可交尾，交尾后3~4小时即开始产卵。喜产卵在叶的正面，聚集成鱼鳞状卵块，每雌产卵量86~250粒。初孵幼虫靠爬行或吐丝下垂进行分散，遇有幼嫩芽叶后即吐丝缀结叶尖，潜居其中取食。幼虫共5龄，4 龄后进入暴食期，食量占一生的90%左右。老熟后多离开原虫苞重新缀结2片老叶，在其中化蛹。天敌有赤眼蜂、小蜂、茧蜂、寄生蝇等。

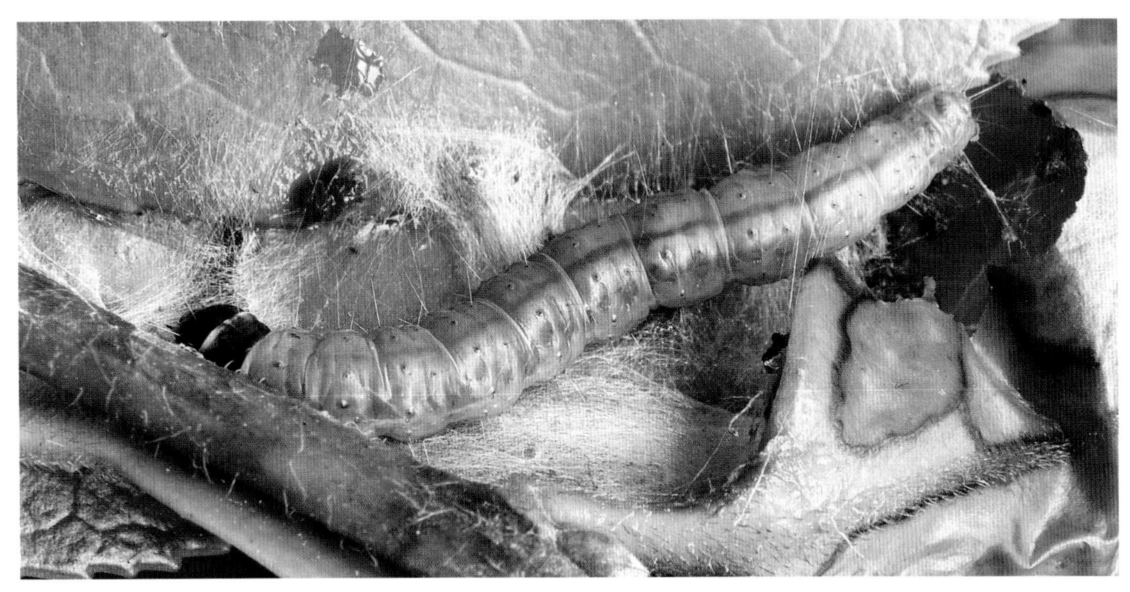

雄幼虫（寄主油茶）

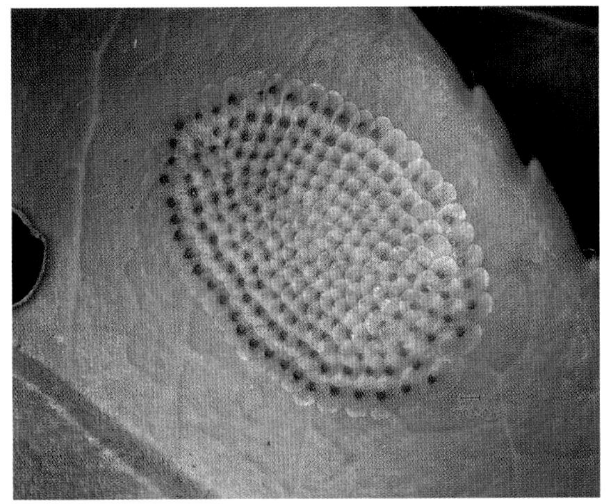

油茶叶上的卵块

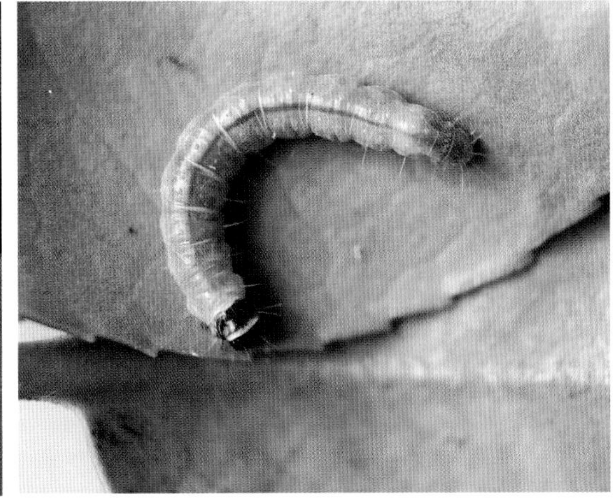

雌幼虫（寄主油茶）

雌蛹

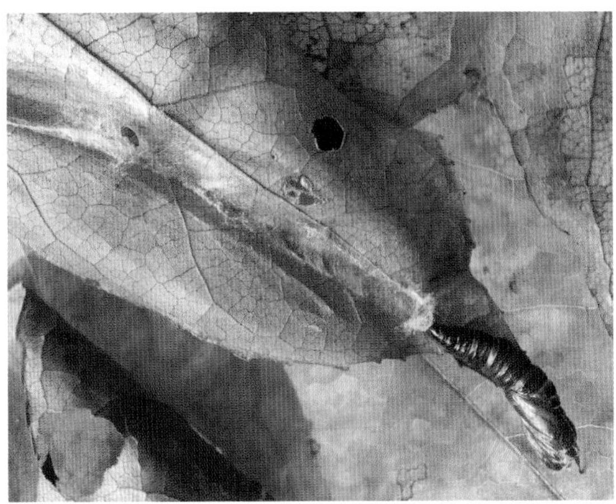

茧苞与雌蛹壳

015 枫新小卷蛾

Olethreutes hedrotoma（Meyrick）

分类地位 鳞翅目 Lepidoptera

卷蛾科 Tortricidae

分　　布 福建（闽清、晋安）、云南（丽江）。

寄主植物 枫香。

危害特点 幼虫取食叶片。

形态特征

成虫 翅展10~13mm。头黑色，头顶具灰白色毛丛，触角黑褐色；胸背黑色，中央为白色斑纹，斑纹内具2个小黑斑。前翅黑色具灰色斑纹，前缘基部至1/2处有较宽的白色带，翅端部1/4泛灰白色；腹部黄褐色。

蛹 长6~8mm，宽约2mm。米黄色，近羽化时黄绿色。

生物学特性

2016年5月4日在福建省闽清县白中镇枫香树上采集到1头蛹，蛹位于叶片对折处的白色丝垫上。5月10日羽化为成虫，5月12日成虫死亡。2017年8月28日在福州植物园（福州市晋安区）枫香树叶上采集到1头蛹，8月31日羽化为成虫。

成虫背面

成虫侧面

蛹

近羽化蛹

016 蝉网蛾

Glanycus foochowensis Chu et Wang

分类地位　鳞翅目 Lepidoptera

网蛾科 Thyrididae

分　　布　福建（晋安、武夷山三港）、江西、四川、云南、西藏（王林瑶，2001a）。

寄主植物　枫香、依兰、板栗（刘泽光和何双凌，1992；王林瑶，2001a）。

危害特点　幼虫卷叶做虫苞，取食叶片。

形态特征

成虫　雌蛾翅长13~15mm，体长12~14mm；雄蛾翅长13~16mm，体长11~12mm。形似蝉，头及下唇须黑色，触角黑色丝形；胸部背面红色，翅基片黑色有蓝色光泽，腹部第2、3节黑色，其余各节黑红两色，中线红色；腹部腹面鲜红色，腹板有黑斑；胸足黑色有蓝光；后距2对，前足第1跗节有刺突；前翅半棕半红，中室端有1个肾形透明斑，外带红色“I”字形，中带及内带红色；后翅鲜红色，中室透明，外有黑色中带，为透明斑下角切开，其外有小黑点3个。

卵　浅黄至黄色，半球形，高1.1~1.2mm，宽1.5~1.6mm。卵表面有肉眼可见的纵脊，纵脊分上下两层，下层11~12条，上层7条。

幼虫　大龄幼虫黑褐色至红褐色，老熟幼虫体长13~17mm，体上有稀疏刚毛。

蛹　黑褐色，长12~15mm，宽6~8mm。

茧　黄褐色，长16~20mm，丝质坚韧，内壁光滑黑褐色。茧外树叶包裹。

生物学特性

在枫香树上年发生世代数不明。2017年10月22日在福州市晋安区宦溪镇亥由村枫香树上采集的蝉网蛾虫苞，未见取食，老熟幼虫在虫苞内进入越冬状态，2018年4月11日羽化为成虫。该虫

雌成虫

在云南西双版纳危害依兰，一年发生2~3代，以蛹越冬，翌年4月下旬至5月羽化为成虫；第1代5月中下旬至7月中下旬，第2代7月中下旬至9月中下旬，第3代（越冬代）9月中下旬至翌年4月下旬（刘泽光和何双凌，1992）。

成虫产卵于叶缘或叶面，散产或小堆产。初孵幼虫从叶缘开始取食，并逐渐将叶片卷成喇叭状；随着虫龄的增大将2~4片叶交联在一起结成虫苞，并吐丝在虫苞内结成坚韧的袋囊，幼虫匿居其内，多在晚上爬出取食。为了虫苞的牢固性，幼虫常吐丝缠绕虫苞叶的叶柄和小枝。成虫在晚上羽化，第2天即可产卵，产卵持续3~5天，第3、4天产卵最多，产卵量70~100粒，成虫寿命6~9天。

卵

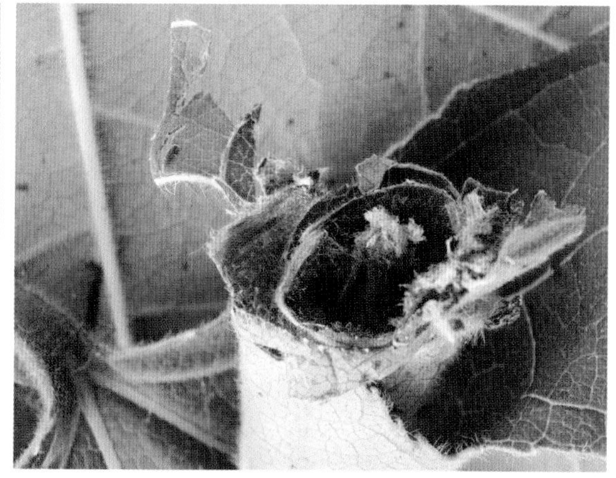

形如袋囊的虫苞幼虫出入口

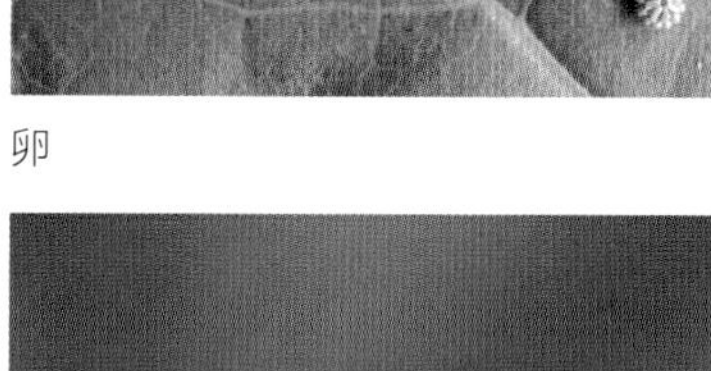

危害状（虫苞）

017 缀叶丛螟

Locastra muscosalis（Walker）

中文别名 漆树缀叶螟、核桃缀叶螟、漆毛虫

分类地位 鳞翅目 Lepidoptera

螟蛾科 Pyralidae

分　　布 福建（全省）、北京、天津、河北、辽宁、山东、江苏、安徽、浙江、江西、河南、湖北、湖南、广东、广西、四川、云南、贵州、陕西、台湾等地（宋士美，2001b；马归燕，1992）。

寄主植物 枫香、细柄蕈树、盐肤木、青麸杨、黄栌、南酸枣、黄连木、薄壳山核桃、枫杨、核桃、马桑等（杨燕燕和曲志霞，2014；杜万光等，2011；林曦碧，2009；刘清虎等，2000；马归燕，2000；黄家德和丘凤波，1991）。

危害特点 缀叶丛螟是枫香的一种主要食叶害虫（潘爱芳等，2016），以幼虫取食枫香叶片，使成缺刻、孔洞或仅剩叶脉；严重时枫香的很多叶片被食光，枝条上仅挂着干枯的叶总轴、少数残叶、网巢及黏附的虫粪，满树丝网，不见树叶。

形态特征

成虫 体长14~20mm，翅展35~50mm。触角丝状，全体黄褐色。前翅栗褐色，内横线波状黄褐色，外横线波状灰白色，横线两侧近前缘处有1个黑色斑块，前缘中部有1个褐色斑块，外缘翅脉间有1个黑褐色斑块。后翅灰褐色，外缘色较深，基部颜色也较深。

卵 球形，并聚集成鱼鳞状卵块，每块有卵80~210粒。

幼虫 老熟幼虫体长22~30mm。头黑色，有光泽。前胸背板黑色，前缘有黄白色斑6个。背中线较宽，杏黄色，亚背线和气门上线为黑色，各体节有数个白色小斑点，腹面黄褐色，全体有短毛。

蛹 长约15mm，暗褐色。

2龄幼虫

茧 褐色，扁平，椭圆形，长约20mm，宽约10mm。

生物学特性

该虫一年发生1~3代（杜万光等，2011；林曦碧，2009；马归燕，2011；刘清虎，2000；陈汉林，1995；黄家德和丘凤波，1991）。在福州一年2代，4月上旬越冬幼虫开始化蛹，5月上旬至6月下旬为越冬代成虫羽化期；第1代卵期5月上旬至7月中旬，幼虫期5月中旬至8月中旬，蛹期6月下旬至8月下旬，成虫期7月下旬至10月上旬。第2代（越冬代）卵期7月下旬至10月中旬，幼虫期7月下旬至10月下旬，在福州以第2代老熟幼虫自9月中旬起陆续下地，寻找土质疏松的位置，钻入土中3~8cm深处或缀合落叶结茧以预蛹越冬。

成虫背面

成虫侧面

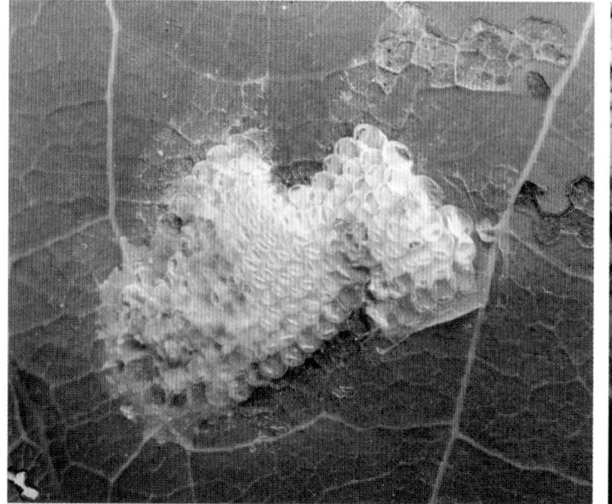
卵块（多数卵已孵化）

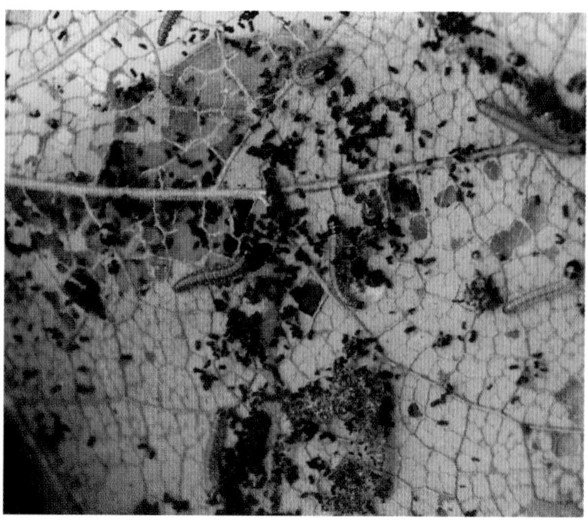
中龄幼虫

蛹侧面

蛹背面

蛹腹面

绿僵菌感染的幼虫

受害的枫香树，树冠叶片被取食殆尽

老熟幼虫

网巢中的大龄幼虫

盐肤木受害症状，满树丝网

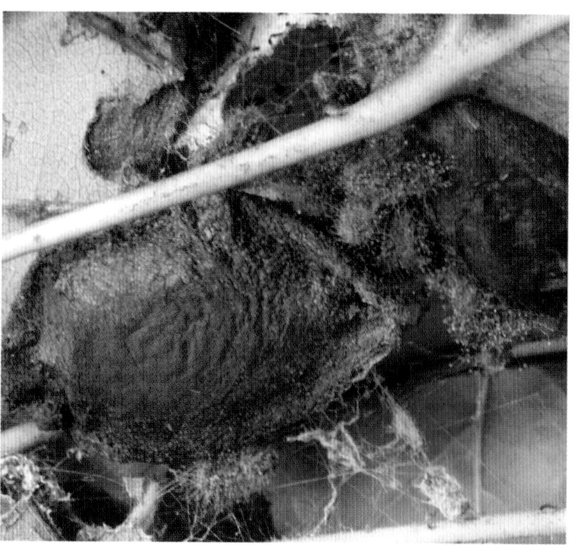

茧

018 三条蛀野螟

Pleuroptya chlorophanta (Butler)

中文别名　三条肋野螟

分类地位　鳞翅目 Lepidoptera

螟蛾科 Pyralidae

分　　布　福建（延平、武夷山、建阳、将乐）、河北、内蒙古、山东、江苏、安徽、浙江、江西、河南、湖北、广西、四川、宁夏、台湾；朝鲜，日本（宋士美，2001b）。

寄主植物　枫香、栗、柿、泡桐、梧桐、栎类。

危害特点　幼虫卷叶成苞，匿居其中，取食时爬出虫苞取食叶片。

形态特征

成虫　体长9~12mm，翅展18~26mm，体黄色至黄褐色。额橘黄色。下唇须基部下侧白色，其他淡黄色。头顶部淡黄色，触角黄色纤毛状。胸、腹部背面黄色，散布有赭色鳞片，肩片长超过胸部，腹部各节后缘白色，末节背面有1条黑色横带，胸、腹部腹面白色，胸部两侧有扇状鳞片，足淡黄色。前翅黄色，内横线黑褐色稍有弯曲，内横线外侧中部及基域中部后缘各有1个黑褐色斑点，中室端脉斑黑褐色肾状，外横线黑褐色，在M_2与Cu_2脉之间向外弯曲，然后向内弯曲至中室下角；后翅中室黑褐色，外横线黑褐色弯曲。双翅外缘线黑色，缘毛淡灰褐色。

幼虫　体形扁圆。老熟幼虫头部黄褐色，具浅褐色花纹；体色黄绿，具稀疏白色刚毛，体长20~23mm，宽2~3mm；前胸背板灰褐色。胸足与腹足均呈黄绿色。

蛹　长约15mm，暗褐色。

茧　褐色，扁平，椭圆形，长约20mm，宽约10mm。

生物学特性

2017年9月15日在福建省武夷山市五夫镇典村村枫香树上采集的幼虫，9月下旬结茧化蛹越冬，2018年5月上旬越冬蛹羽化成虫。

幼虫卷叶成苞，匿居其中，取食时爬出虫苞；部分茧外表黏附大量虫粪。幼虫期天敌有寄生蜂。2017年9月20~21日天敌的幼虫结茧，29~30日羽化出寄生蜂。

叶面停息的成虫

展翅成虫

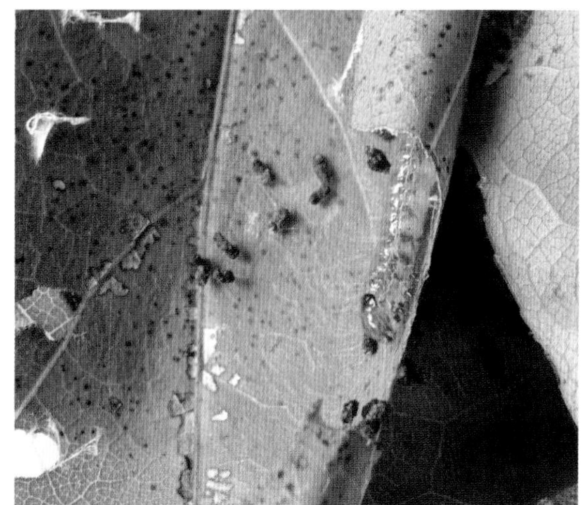
幼虫

外表黏附大量虫粪的茧

虫苞

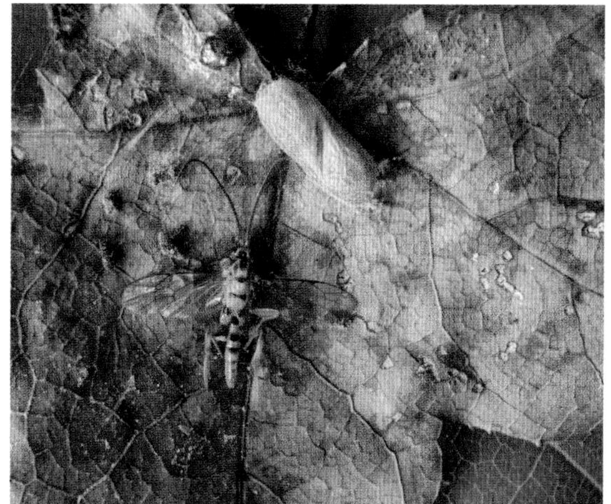
寄生蜂与茧壳

019 台湾卷叶野螟

Syllepte taiwanalis Shibuya

分类地位　鳞翅目 Lepidoptera

螟蛾科 Pyralidae

分　　布　福建（晋安、武夷山、将乐龙栖山）、江西、湖北、湖南、重庆、四川（叙永）、台湾；日本（徐丽君等，2015；宋士美，2001b）。

寄主植物　枫香。

危害特点　幼虫取食叶片。

形态特征

成虫　翅展约34mm。额褐色，两侧有淡色线。下唇须下侧白色，其他黑褐色。触角褐色。胸、腹部背面褐色，腹面白色。前翅茶褐色，中室基部下侧有1个长方形淡黄色斑纹，中室中部及下侧、中室端脉外侧各有1个长方形淡黄色斑纹，中室下侧有4个并排的长方形黄色斑纹。后翅基部淡黄色，有1个褐色斑纹，靠近翅外缘有3个方形黄斑，外缘中部另有1个长方形黄色斑纹。双翅缘毛暗褐色。

幼虫　体形扁圆。初孵幼虫白色，随着龄期的增加颜色变为浅绿色至草绿色，头部黄绿色具浅褐色花纹。老熟幼虫体色黄绿，具稀疏白色刚毛，体长20~23mm，宽2~3mm；前胸黄绿色，两侧各有1个椭圆形黑斑；中胸、后胸两侧各有1个黑斑，背线深绿色，腹部第8节两侧各有1个围以黄色的黑斑。胸足与腹足均黄绿色。

蛹　暗棕色，纺锤形，复眼黑色，长9~12mm，宽2~3mm。

生物学特性

2017年7月18日在福建省林业科学研究院采集的幼虫，7月24日化蛹，8月2日羽化为成虫。

成虫羽化的蛹壳留在茧苞中。成虫趋光性较强，受惊时快速短距离飞翔。1~2龄幼虫缀叶1~2片成虫苞，藏匿其中取食叶背叶肉，形成“窗斑”，也可将虫苞取食成小洞，但食量不大。3龄后吐丝缀叶2~4片织成虫苞藏身其内，食量大增，可出虫苞取食叶片成缺刻状或整片叶。幼虫平时大多静止于虫苞内，当受惊或取食活动时，可从苞内迅速进退或转身，行动十分敏捷。粪便直接排泄在虫苞内，大龄虫苞上也黏附很多虫粪。老熟幼虫化蛹时，转移到另一片叶上，同时用上颚剪切另一叶片成椭圆形的小块叶片覆盖其上，作成橄榄形的虫苞，在苞内吐丝结薄茧化蛹，叶片缀连处边缘可见针眼状的咬合痕。

幼虫期的天敌有蜘蛛、白僵菌等。

成虫

老熟幼虫

茧苞

停息于叶面的成虫

卷蛾、网蛾、螟蛾防治方法

1. 营林措施

加强管理。可利用老熟幼虫下树作茧越冬的特点，清理被害树下的落叶及杂草、或翻耕树冠下的土壤（深度5~10cm），消灭越冬虫茧，减少越冬代虫源。

2. 人工防治

摘除卵块与虫苞，卵块产在嫩叶叶面上，容易发现，在卵尚未孵化时，将目之所及有卵块的叶摘除集中销毁，能起到一定的防治作用。采下来的虫苞在天敌释放笼中自然放置一段时间，让寄生天敌羽化飞回林间。捕杀幼虫，螟蛾部分种类幼虫有群集结巢危害的习性，在低龄幼虫分散取食之前及时除巢，集中处理。

3. 生物防治

保护天敌，缀叶丛螟的天敌较多，有寄生蜂、蚂蚁、螳螂、多种鸟类以及虫生真菌等，可多加保护利用。低龄幼虫可用含孢量100亿孢子/g的白僵菌粉剂或60亿孢子/g的绿僵菌粉剂喷撒，在阴天或小雨天使用较好。老熟幼虫入土期，于树冠下地面撒施绿僵菌或白僵菌粉剂，然后耙松土层，以消灭入土幼虫。利用感病虫体分离获得的核型多角体病毒、质型多角体病毒、颗粒体病毒等进行防治。

4. 物理防治

成虫发生高峰期设置诱虫灯、糖醋液、果醋液、酒糟液、发酵豆腐水等诱杀成虫。糖醋液按糖、酒、醋、水1：1：2：16比例配制。还可用性信息素诱杀（吕俐宾等，2000）。

5. 药剂防治

叶片上大面积出现被啃食成灰白色半透明的网状斑，爆发成灾时，可选用药剂防治（药剂种类参考附表2）。虫口密度较低或是发生不严重时，提倡挑治，即只喷发虫中心。

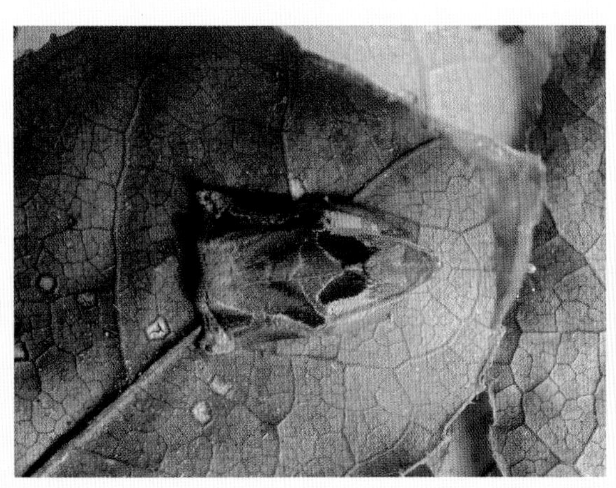

危害枫香的一种黄卷蛾成虫

危害枫香的一种黄卷蛾蛹

第四节
尺蛾科 Geometridae

020 对白尺蛾
Asthena undulata（Wileman）

分类地位 鳞翅目 Lepidoptera
尺蛾科 Geometridae

分 布 福建（晋安）、上海、浙江、江西、湖北、湖南、广东、广西、重庆、四川、台湾（薛大勇，2001）。

寄主植物 枫香。

危害特点 幼虫取食枫香树叶片。

形态特征

成虫 雌蛾前翅长12~13mm，雄蛾前翅长11~13mm。触角线形，雄蛾具短纤毛。下唇须短小细弱。体及翅白色，额中部有1条灰黄褐色横带。前翅基部散布少量褐色，亚基线、内线和中线污黄色，均深弧形；中点黑色微小；外线黑褐色，在前缘处色浅，中部略凸出，微波曲；外线外侧伴随1条深色带，上半段黄褐色，在M_3与Cu_1处形成1对黑斑，有时2个黑斑互相融合，黑斑以下渐细，灰褐色，并在Cu_2以下并入外线，外线在后缘处形成1个小黑斑；顶角内侧灰黄褐色，并扩展至外线，形成1个三角形斑；亚缘线为翅脉间3列短条状灰黄褐色斑点；缘线为1列小黑点；缘毛污黄色与白色相间。后翅具污黄色内线，端部有2~3条污黄色线；缘线和缘毛同前翅。翅反面白色，前翅外线及外侧深色带和顶角内侧三角形斑清晰，深灰褐色，无其他斑纹。

幼虫 老熟幼虫体长约15mm，宽约2mm。头部黑褐色；胸部和第7~8腹节黄褐色；第1~6腹节灰色上有黑色点斑，节间黄白色；臀节黑灰色。背线黄白色。

蛹 棕色，长约9mm，宽约2.5mm。

生物学特性

2016年4月15日在福建省林业科学研究院内枫香树上采集的幼虫，4月20日开始预蛹，4月22日化蛹，5月6日成虫羽化，5月9日成虫死亡。

成虫

蛹

021 小埃尺蛾
Ectropis obliqua（Prout）

中文别名 茶尺蠖、小茶尺蛾

分类地位 鳞翅目 Lepidoptera
尺蛾科 Geometridae

分　　布 福建（福州、清流、邵武、武夷山、霞浦）、山东、江苏、浙江、安徽、湖北、湖南等长江中下游地区为主要分布区（薛大勇，2001）。

寄主植物 枫香、油茶、茶、落叶松、杨、柳、赤杨、栎等多种树木以及大豆等农作物（薛大勇，2001）。

危害特点 幼虫取食寄主植物叶片。

形态特征

成虫 体长14~17mm，翅展30~36mm。雌蛾触角线形，雄蛾触角锯齿形具纤毛簇。下唇须尖端伸达额外，深灰褐色。额下半部灰黄色，上半部黑褐色。头顶、体背和翅灰黄色，散布褐鳞。翅面斑纹细弱，灰黄褐色；外线清晰，细锯齿状，其外侧在前翅M_3至Cu_1处有1叉形斑；亚缘线浅色锯齿形；缘线为1列细小黑点；缘毛灰白与灰褐色掺杂。雄蛾后足胫节具毛束。

卵 椭圆形，长径0.6~0.7mm，短径约0.5mm。初产时呈草绿色，后渐变成乳白色，孵化前变为灰褐色。卵常重叠成块，卵块上覆有白色鳞毛。

幼虫 初孵幼虫体呈黑色，体背具5条由白色小点组成的横线。2龄幼虫黄绿色，腹部第2节背线两侧各有1个黑斑点。3龄幼虫茶褐色，白色横线消失，腹部第2节背线两侧黑点斑呈“八”字形，上部色较浅，上细下粗；后期腹部第4节背面有较深色斑，但不明显。4龄幼虫灰褐色，中胸两侧及背部凸起明显，第2腹节背面“八”字纹明显，第8腹节背面具倒“八”字纹，腹部第3~7节背面各具有前2窄后2宽呈梯形的4个小黑点，腹部第4、5节体色较深，为黑褐色。5龄幼虫中胸两侧及背部突起更加明显，中胸前方具一圆形斑，呈黑褐色；第2腹节背面“八”字纹消失，第8腹节倒“八”字纹明显；幼虫体色

雄蛾

有深浅2种，体色深者，呈浅褐色至紫黑色，腹部背面第1~7、9节各有4个黑点，形状梯形，腹部第8节中部有2个瘤状突起，后部有2个黑点，腹部第2~4节体色较深，并由前向后渐加深，第4腹节为深黑褐色，第2、3腹节背后中部中间具一白点，第4腹节背后部具5条白色短纵线，第5腹节体色较浅，腹部腹面第2~5腹节各有一哑铃型白纹。体色浅的呈灰白色，腹部背面第2~4节色由浅至深，第4节呈浅褐色，腹部第8节也具有1对瘤状突起，腹部腹面第5节为黑色。6龄幼虫体长28~34mm，宽3~4mm；体棕黑色具黄白色条纹，头部色略浅，前胸和中胸背面具一心形的黑褐色斑。各腹节背面有4个呈梯形的黑点，背线灰褐色，第1~3腹节的背线宽，呈指向头部的箭头状；第8腹节背面有1对倒“八”字形黑色斑纹；背侧线为黑色带纹，但第2、5、7~10腹节带纹颜色较淡；第3~4腹节气门上方有较为明显的长条形黄白色斑；气门红棕色；第6腹节有一较大的棕黄色斑围绕气门。胸足黑色；腹足位于第6、10腹节，与体同色。幼虫腹足趾钩为双序纵带。

蛹 长10~14mm，锥形，褐色至红褐色。

生物学特性

2017年8月31日在福建省霞浦县牙城镇渡头村枫香林采集的幼虫，9月22日化蛹，10月2日羽化为成虫。2012年6月23日在福州北峰林场油茶林采集的幼虫，7月3~6日入土作蛹室化蛹，预蛹期1~2天，蛹期10~15天。老熟幼虫每天可取食1~3片油茶叶。

在山东茶叶上每年发生3~4代（夏英三和万连步，2014），9月下旬后以蛹在土中越冬，翌年4月中旬越冬蛹羽化。各虫态历期：卵期5~11天，幼虫期15~34天，成虫期3~8天，蛹期12~17天，越冬蛹期193~220天。在安徽、浙江的茶园，该虫一年5~6代，以蛹在根际表土内越冬（张汉鹄和谭济才，2004）。翌年3月中旬开始羽化产卵。

成虫大多在20：00至翌日2：00羽化，具趋光性，羽化当天即可交尾，交尾高峰在22：00~23：00时段，交尾后第2天晚上开始产卵，以20：00~翌日1：00最盛（杨云秋等，2008；高旭晖等，2007；林少和，2003）。雌蛾一般只交尾1次，翌日黄昏开始产卵，卵成堆产在枝杈间、叶片上、树皮缝或枯枝落叶间，其上覆有白色絮状物，平均产卵量200粒左右，多者可达500粒以上。卵以6：00~14：00孵化最盛。初孵幼虫取食叶片的上表皮和叶肉，2龄幼虫从叶片近叶缘处取食，造成叶片孔洞或缺刻。3龄后食量大增。1、2龄幼虫具有群集性，2龄幼虫呈拱桥状停息，3龄后幼虫停息时与树枝呈一定角度，呈拟态状。老熟幼虫多在白天入土化蛹，入土深度一般3cm左右，在树干基部30cm范围内较多，预蛹期1~4天。

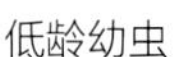

低龄幼虫

老熟幼虫背面

取食油茶的幼虫

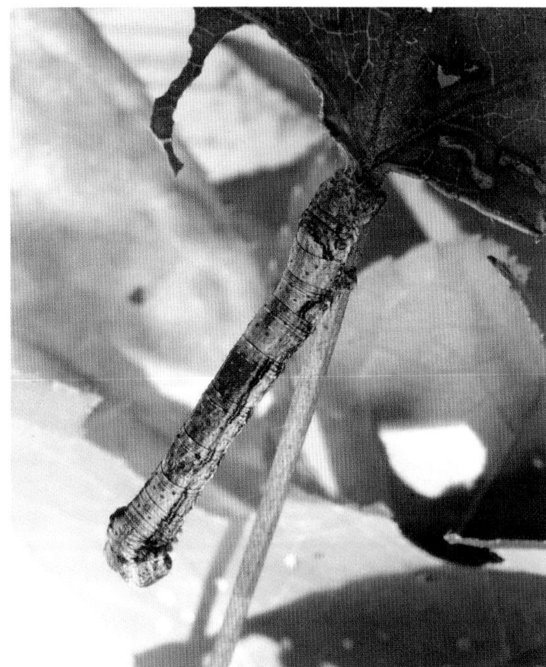
老熟幼虫侧面

蛹背面

蛹侧腹面

土中的蛹侧面

土中羽化后的蛹壳

022 钩翅尺蛾
Hyposidra aquilaria Walker

分类地位 鳞翅目 Lepidoptera

尺蛾科 Geometridae

分　　布 福建（晋安、闽侯、延平、尤溪、闽南）、湖南、广西、四川、贵州、西藏、甘肃。

寄主植物 枫香、油茶、茶、黑荆、柳、樟等（陈顺立等，1994）。

危害特点 幼虫取食寄主植物叶片、嫩梢，严重时可将树叶吃光。

形态特征

成虫 雌蛾体长16~20mm，翅展47~57mm；体褐色，触角灰褐色，丝状；翅灰褐色，前翅顶角突出成钩状，中脉处凹陷；前后翅外线、中线明显，深褐色。雄蛾体长14~20mm，翅展40~54mm；体深褐色，触角双栉齿状；翅浅褐色，前翅顶角突出成钩状，但中脉处不凹陷；前翅外线、中线、内线明显，深褐色；后翅外、中线明显，与前翅相连接，内线不明显。

卵 椭圆形，长径0.64~0.74mm，短径0.38~0.45mm，外表光滑，初产时绿色，后渐变黑色，具白斑点。

幼虫 1~4龄体黑褐色，前胸前缘和第1~5腹节后缘有明显的小白斑（点）。老熟幼虫体长36~48mm，体棕绿色，体表有许多波状黑色间断纵纹。头黄绿色或棕绿色，散布许多褐色小斑。胸、腹背面的白斑淡化或消失，中胸亚背线上有一黄色斑，气门灰白色。

蛹 雌蛹长15~22mm，宽6~7mm；雄蛹长12~16mm，宽5~6mm。棕褐色。头顶中央圆滑，复眼黑褐色，第4、5腹节间略凹陷，具数列小刻点。臀棘3枚。

生物学特性

钩翅尺蛾在福建福州一年发生4~5代，以蛹越冬，翌年3月中下旬羽化。林间世代重叠，各代幼虫的危害盛期分别是：第1代4月中下旬，第2代

雄蛾

6月中下旬，第3代8月中下旬，第4代11月上中旬。12月中旬老熟幼虫开始陆续入土化蛹越冬。在枫香上危害主要为第2~4代。

雌蛾成堆产卵于树干分叉处或树皮裂缝中，卵块上覆盖一层稀疏绒毛。卵经6~12天孵化。1~2龄幼虫有群集性。1龄幼虫取食嫩叶的下表皮，2 龄幼虫食叶成缺刻状，3 龄后幼虫可食尽叶片，并可危害梢端幼嫩部。停食时以臀足支撑起虫体，形似小枝条。幼虫蜕皮前停食1天，刚蜕皮幼虫体色略淡。老熟幼虫沿树干爬下寻找疏松土壤入土或裂缝中化蛹，入土深度3~8cm，蛹室明显，多分布于树兜基部。预蛹时，体缩短变绿，预蛹期1~3天。成虫多在傍晚羽化，有趋光性，白天不活动，黄昏后飞往蜜源植物补充营养。成虫羽化后翌日凌晨开始交配，交配后当晚开始产卵，产卵历期3~4天。成虫寿命4~12天。幼虫寄生性天敌有茧蜂、姬蜂、寄生蝇、白僵菌等，捕食性天敌有蚂蚁、螳螂、鸟类、蜘蛛等。

幼虫

蛹侧面

蛹腹面

蛹背面

被绿僵菌感染的幼虫

预蛹

023 点尘尺蛾

Hypomecis punctinalis（Scopoli）

分类地位　鳞翅目 Lepidoptera

尺蛾科 Geometridae

分　　布　福建、黑龙江、吉林、辽宁、山东、安徽、湖北、湖南、广东、广西、海南、四川、贵州；日本，朝鲜，欧洲（薛大勇，2001）。

寄主植物　枫香、栎、板栗、蔷薇、樟、杨等（薛大勇，2001）。

危害特点　幼虫取食叶片，老熟幼虫一次可将整片树叶吃光。

形态特征

成虫　雌蛾体长21~26mm，翅展47~55mm；触角线形。雄蛾体长19~25mm，翅展43~52mm；触角双栉形，末端1/5以上无栉齿；下唇须尖端伸达额外；后足胫节粗大，距短小；后翅反面臀褶附近被浓密黄白色细毛。体和翅浅灰褐至灰褐色。翅面线纹细弱，前后翅中点椭圆形中空；外线锯齿状，在前翅特别内倾；亚缘线浅色波状，在深色个体中其内侧有褐边；缘线有1列黑点；缘毛灰褐色。翅反面颜色较浅，散布褐色碎纹；中线模糊带状；中点大而略模糊；外线细带状；翅端部色较深，并在前翅顶角处留下1个不明显的浅色斑。

卵　长0.75~0.85mm，宽0.4~0.5mm；初产卵绿色，钝椭圆形，表面满布规则的浅绿色小斑块纹饰。

幼虫　老熟幼虫体长20~22mm，宽2.0~2.5mm。头呈方形，黄褐色。雄幼虫体多为青绿、灰绿等色，雌幼虫体多为黄绿色；第2腹节背侧和第3腹节后缘气门线附近各有1对黑褐斑，第8腹节背面有1对深色小瘤突。

蛹　棕黑色，长19~22mm，宽4~5mm。

生物学特性

在福州，7月有卵、幼虫、蛹、成虫各种虫态。2016年7月上中旬在福州植物园枫香树上采集的幼虫，7月下旬至8月上旬开始预蛹，预蛹期3~4天，蛹期9~13天，8月中下旬成虫羽化。羽化的成虫翌日即可产卵，产卵量40~80粒，杂乱堆积在叶面。

雄蛾

雌幼虫侧面（黄绿色型）

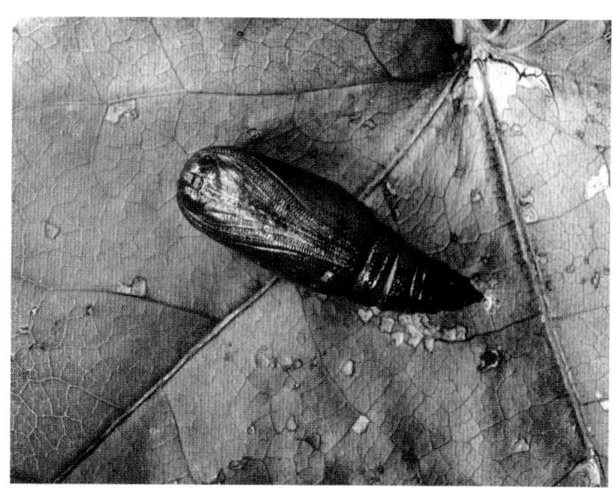
雌蛹腹面

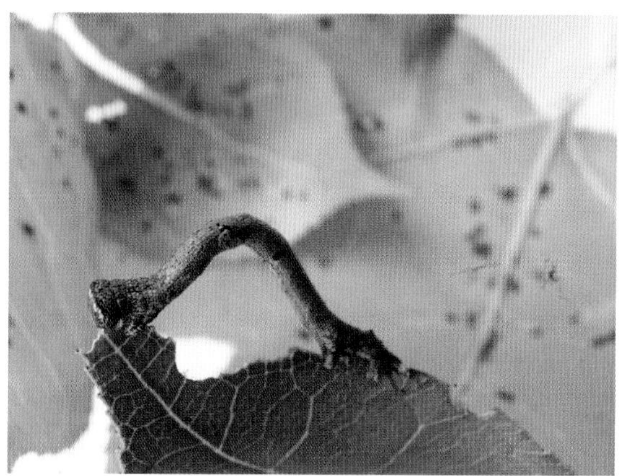
雄幼虫侧面（灰绿色型）

雄幼虫背面（灰绿色型）

雄幼虫背面（青绿色型）

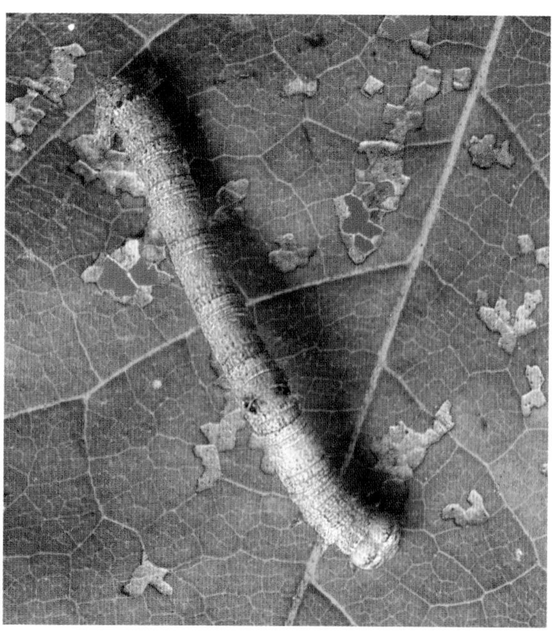
雌幼虫背面（黄绿色型）

雌蛾

雄蛾（示双栉形触角）

初产卵

雄蛹腹面

雄蛹背面

024 枫香尺蛾
Hypomecis sp.

分类地位 鳞翅目 Lepidoptera
尺蛾科 Geometridae

分　　布 福建（武夷山）。

寄主植物 枫香。

危害特点 幼虫取食寄主叶片。

形态特征

成虫 雄蛾体长约24mm，翅展约45mm；触角双栉形，末端1/5以上无栉齿；下唇须尖端伸达额外。体和翅灰褐色。翅面内线波状，外线锯齿状，亚缘线不明显；缘毛灰褐色。

幼虫 老熟幼虫体长约42mm，宽约3.5mm。幼虫体色墨绿至灰绿，老熟幼虫体呈黄绿色，头部呈深灰色。幼虫最显著的特征是腹部第2节背面有1对明显突起的瘤；第3腹节和第4腹节腹面交界处略微膨大，侧面有1个黑斑；第6~8腹节背面不甚光滑，有一些小突起。

蛹 长约18mm，宽约6mm。锥形，褐色至红棕色。

生物学特性

2017年9月15日在福建省武夷山市新丰镇里洋村凹头自然村采集的幼虫，10月4日开始化蛹，预蛹期1~2天，越冬蛹期长达6个月，2018年3月26日羽化为成虫。成虫寿命8天。

雄蛾

中龄幼虫侧面（墨绿色）

雄蛾（示羽状触角）

大龄幼虫侧背面（灰绿色）

老熟幼虫侧背面（黄绿色）

蛹背面

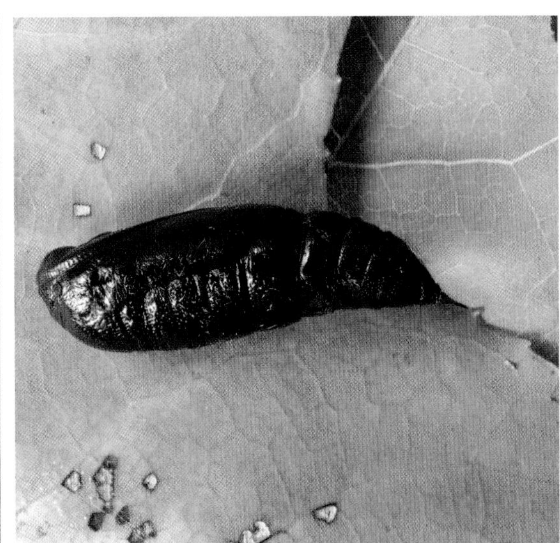
蛹侧面

蛹腹面

尺蛾防治方法

1. 营林措施

加强管理，垦覆，树干基部松土或培土灭蛹。

2. 人工防治

尺蛾幼虫无毒，可人工捕杀。

3. 生物防治

在低龄幼虫期喷施白僵菌、绿僵菌、多角体病毒、苏云金杆菌等生物杀虫剂。结合实际，在第1、2代幼虫发生期湿度大的适宜天气，林间应用白僵菌粉炮（100亿孢子/ g，125g/个）防治幼虫，每亩3~5个，降低虫口基数。应用茶尺蠖核型多角体病毒（王定锋等，2013）、苏云金杆菌、绒茧蜂等进行防治。尺蠖天敌种类较多，应多加保护。

4. 物理防治

成虫高峰期灯光诱杀或性诱杀。

5. 药剂防治

虫害严重时，可用药剂防治（药剂种类参考附表2）。

一种取食枫香叶片的尺蛾幼虫

一种取食枫香叶片的尺蛾幼虫

第五节

枯叶蛾科 Lasiocampidae

025 波纹杂枯叶蛾

Kunugia undans undans（Walker）

中文别名　波纹杂毛虫

分类地位　鳞翅目 Lepidoptera

枯叶蛾科 Lasiocampidae

分　　布　福建（全省）、江苏、安徽、浙江、河南、湖北、湖南、广西、四川、贵州、陕西等（侯陶谦和汪家社，2001）。

寄主植物　枫香、油茶、栎、马尾松、湿地松、火炬松、黄山松、柏木、杉木、雪松、苦槠、樟、檫木、山苍子、板栗、锥栗、麻栎、杨梅、马褂木、厚朴、菝葜、金樱子等不同科属林木（陈汉林等，1997；景河铭和黄定芳，1989；肖坤佳和舒清焕，1984）。

危害特点　幼虫取食叶片，发生严重时把叶片吃光仅剩枝干，极大影响生长，甚至造成寄主植物枯死。

形态特征

成虫　雌、雄蛾异型，体色从灰褐到棕褐，斑纹从清晰到模糊，以及虫体大小等个体间差异甚大。雌蛾体长30~39mm，翅展78~110mm，触角短栉状，腹部肥胖，末端圆；体色斑纹变化较多，有黄褐、赤褐、深赭色等。雄蛾体长28~39mm，翅展60~80mm，触角羽毛状，腹部细狭，末端尖，前翅大部分为黄棕色。雌、雄蛾前翅呈4条波状横纹，中外横线双重，亚外缘斑列浅黑色，不甚明显，外线及中线呈波状。翅反面黄色隐现3条横带。雌蛾前翅中室端白点较小，雄蛾前翅中室端白点大而明显，翅基有一明显的金黄色圆斑。后翅斑纹不明显。

卵　呈鼓形，直径1.5~2.0mm，高1.0~1.5mm。黄白色，上具褐色斑点。卵壳先端有白色圆圈，中间有黑褐色小点。

幼虫　体色有棕色和灰黑色两类，形态有一

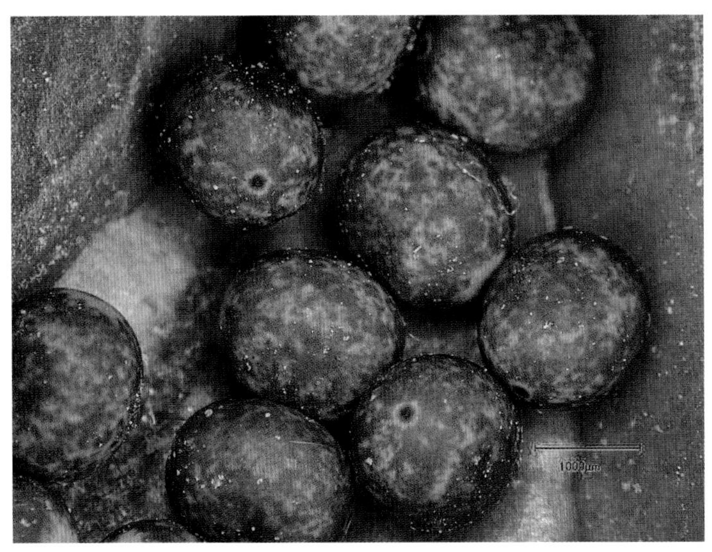

卵

茧

定差异。初孵时体长约8mm，黑色，被黑色和白色长毛；头棕黄色；胸部背面具白斑；腹部背线白色，腹侧具赭色和白色斑；前胸具向前伸的两支长毛束。老熟幼虫体长95~105mm，全身密被长短不齐的黄褐色刚毛，刚毛最长达15mm，头部黑褐色，头顶黄白色，额片黑褐色，冠缝两侧各有一“U”形黑斑。前胸背板黄褐色，中、后胸背面各有1束蓝色毒毛丛，中胸蓝色毒毛较小。每体节气门线下各有1个毛瘤，着生黑色和白色长毛。前胸前缘及胸腹各节背面和气门下侧嵌有棕黄色鳞毛。前胸另有1对毛瘤，着生向前伸的黑色长毛丛。腹部的腹面棕黄色，5对腹足黄棕色。

蛹 长36~49mm，宽10~12mm，纺锤形，黑褐色或棕褐色。翅痕伸达第3腹节中部，背面可见8节，两侧可见气门7对。体躯各节着生密集的棕黄色短毛，腹面较稀。

茧 长50~70mm，宽20~30mm。棕黄至灰褐色，丝质，坚韧，上有毒毛。

生物学特性

该虫在福建危害枫香、油茶一年1代，取食马尾松一年2代（黄翠琴，2006；景河铭和黄定芳，1989；肖坤佳和舒清焕，1984）。一年1代的以卵在寄主植物上或林间枯枝落叶层中越冬，翌年3月下旬开始孵化为幼虫，3~9月为幼虫期。

2016年7月29日在福建省松溪县溪东乡溪源村枫香树上采集的幼虫，8月下旬开始结茧化蛹，8~11月上旬为蛹期；10月上旬成虫开始羽化，10~11月为成虫期，10月上旬成虫开始产卵；卵期在10月至翌年3月中旬。

雌蛾喜将卵散产或不规则地堆产在背风向阳的树干、枝条、叶片或地面杂草上。卵期166~174天。幼虫7~8龄，幼虫期长达181~194天。老熟幼虫结茧前1~2天开始停食，在枝叶茂密的叶上或地面杂草、石块下作茧化蛹，蛹期36~47天。成虫羽化多在晴天，羽化高峰期为16：00~21：00。成虫羽化当晚即可交尾。雌蛾对雄蛾有较强的性诱作用。雌蛾交配1~4天后开始产卵，产卵量162~404粒。成虫趋光性强，白天多静伏在树干或杂草上。雌蛾寿命4~12 天，雄蛾寿命4~10天。

波纹杂枯叶蛾天敌较多。卵期主要天敌有拟澳洲赤眼蜂、松毛虫黑卵蜂、平腹小蜂和伞裙追寄蝇。幼虫期和蛹期主要有核型多角体病毒（黄健屏，1987；黄健屏和王学兰，1985）、球孢白僵菌、蚕饰腹寄蝇、松毛虫狭颊寄蝇、松毛虫黑点瘤姬蜂、广大腿小蜂等。其中幼虫期病毒是波纹杂枯叶蛾的重要天敌。捕食波纹杂枯叶蛾的鸟类有灰喜鹊、杜鹃、戴胜、大山雀等。

幼虫

幼虫头部

雌蛾侧面

雌蛾腹面

雄蛾侧面

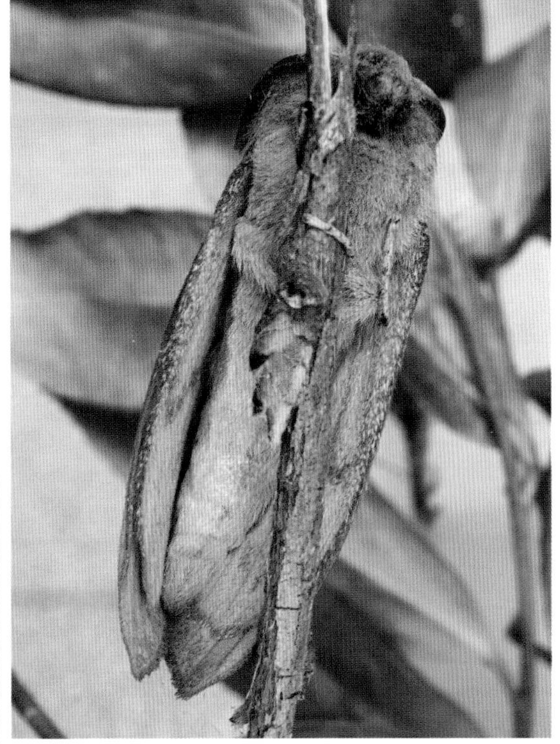
雄蛾腹面

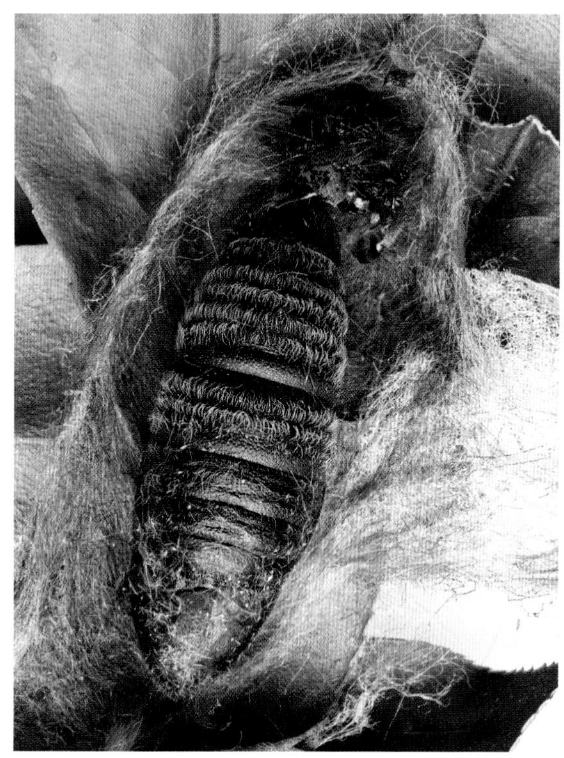
雌蛹背面

雌蛹腹面

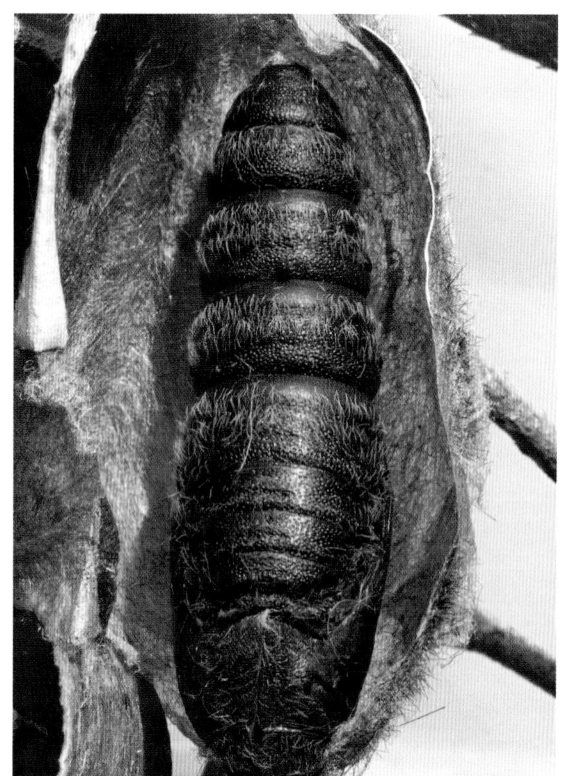
雄蛹背面

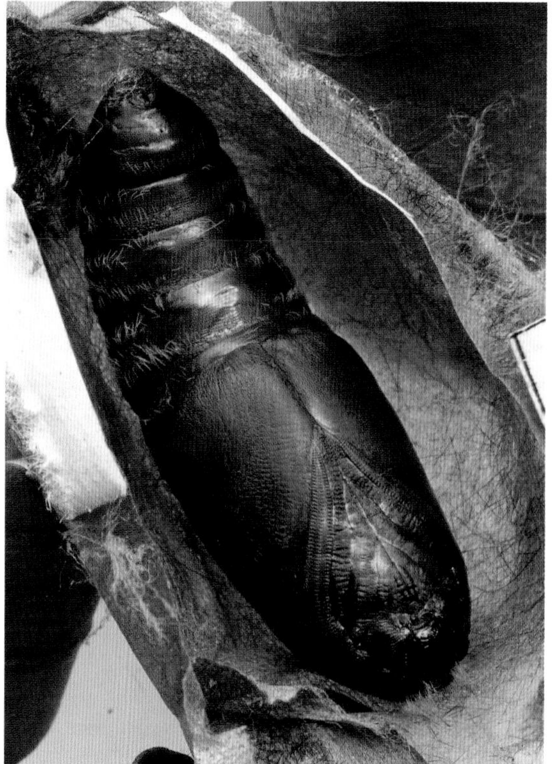
雄蛹腹面

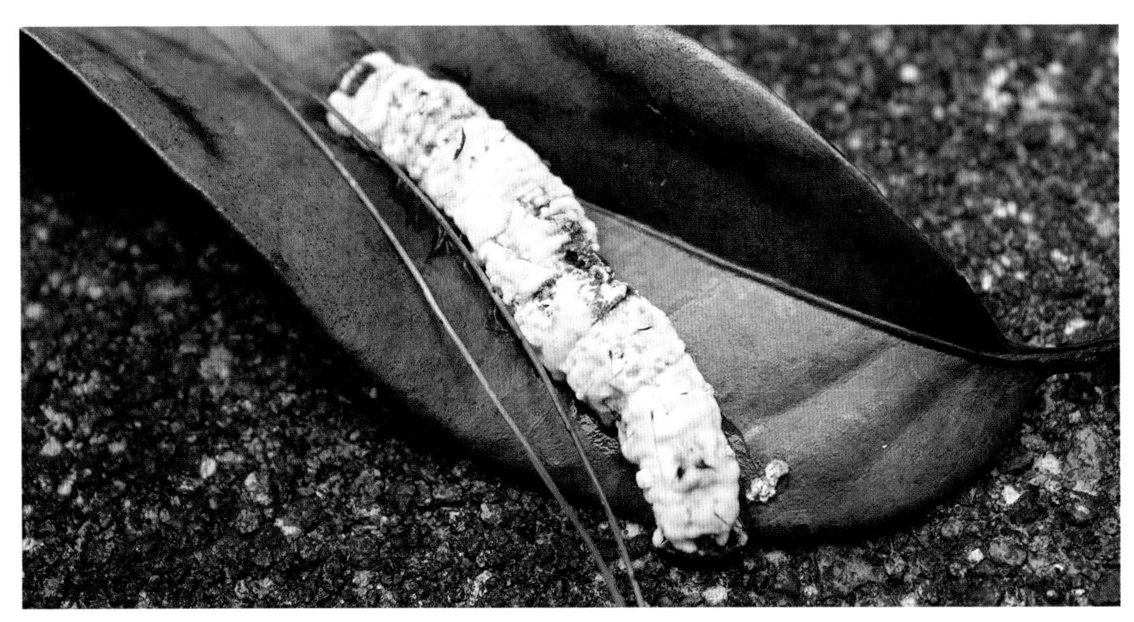

被白僵菌感染的僵虫

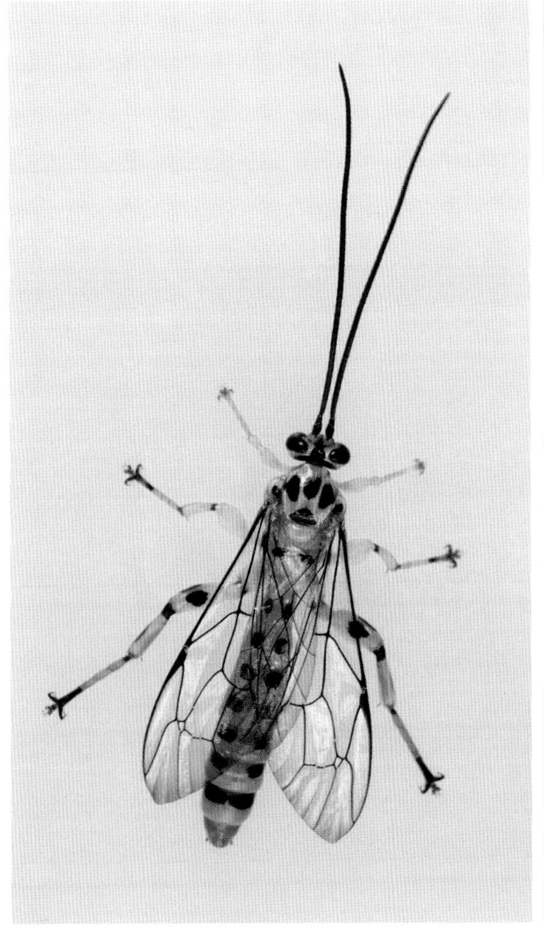

蛹寄生蜂（松毛虫黑点瘤姬蜂）

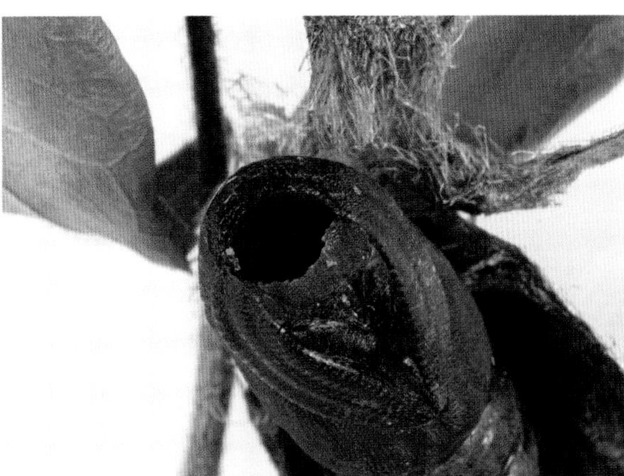

松毛虫黑点瘤姬蜂羽化孔

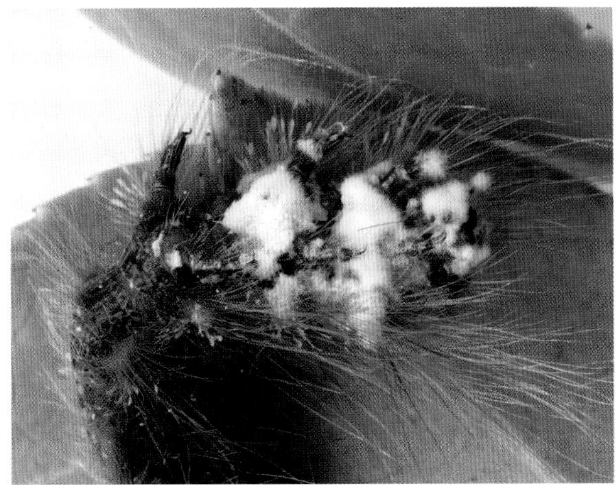

头部被白僵菌感染的幼虫

026 细斑尖枯叶蛾

Metanastria gemella Lajonquiere

中文别名 鸡尖丫毛虫

分类地位 鳞翅目 Lepidoptera

枯叶蛾科 Lasiocampidae

分　　布 福建（晋安、马尾、将乐龙栖山）、广东、广西、海南、云南；印度，尼泊尔，越南，马来西亚，印度尼西亚（刘友樵和武春生，2006）。

寄主植物 枫香、海南橄仁、柿（刘友樵和武春生，2006）。

危害特点 幼虫取食叶片。

形态特征

成虫 体长约19mm，翅展40~50mm。雄蛾体翅暗赤褐色，触角褐色，前半部羽状较短，复眼灰黑色、球形，下唇须向前突，其端部及腹部刚毛下部均呈酱紫色。整个前翅较狭长，中室上方有深咖啡色三角形斑，位于第1径脉至臀脉间，两侧被内横带和外横带多包围。内、外横带银灰色，各以白线纹为边。三角形斑上翅脉黄褐色，细长的新月状小白点位于三角形斑中间偏内侧，很明显。亚外缘斑列黑褐色，诸斑点长形斜列。全翅除肩角至臀角内部赤褐色外均散布烟黑色鳞片。后翅外半部有污褐色斜横带。翅反面浅赤褐色，中间具淡褐色横线。

卵 圆形，直径1.2~1.5mm，灰白色满布浅褐色斑纹。卵孔区域为褐色小圆斑，卵上有2个近对称的倒心形褐色大斑，大斑周围为灰白色。

幼虫 初孵幼虫黑褐色，节间白色，体长约5mm；体上有黑白色绒毛，尤其是头、胸部绒毛较长。老熟幼虫体长70~80mm，宽6~8mm；体黑色，布灰白色斑纹；第2、3胸节中央有1个红色环，止于气门上线；从第2胸节开始各体节背面有1对黑底红边中心为蓝色的圆形斑纹，斑纹上有黑色刚毛数根；亚背线、气门上线灰白色，头部和第1胸节的较宽且明显，向后变细且呈不连续段斑；第2胸节背面有一黑色毛束，体侧毛为灰白色，长短不一，足基部的毛较长。

雄蛾

蛹　棕黑色至棕褐色，长35~45mm，体着生密集的黄棕色短毛，尤其是头顶、腹部背面的毛多而密，腹面较稀疏。

生物学特性

一年2代，以幼虫越冬，越冬代老熟幼虫在5月上旬开始结茧化蛹，蛹期22~29天；成虫在5月下旬至6月初羽化，寿命5~9天。第1代卵在5月下旬至6月中旬出现，卵期13~15天，6月上中旬孵化；老熟幼虫在8月下旬开始结茧化蛹，蛹期18~22天，成虫于9月中下旬羽化。第2代（越冬代）卵在9月下旬开始孵化。

幼虫喜群聚取食树叶，中龄后幼虫在白天多爬至树干下部（基部1m以内）聚集在一起休息，晚上再爬回树冠取食，食量大。老熟幼虫在枝丫上吐丝结茧。成虫在晚上羽化，雌蛾产卵量75~150粒，在产卵后1~2天内死亡。

卵

卵

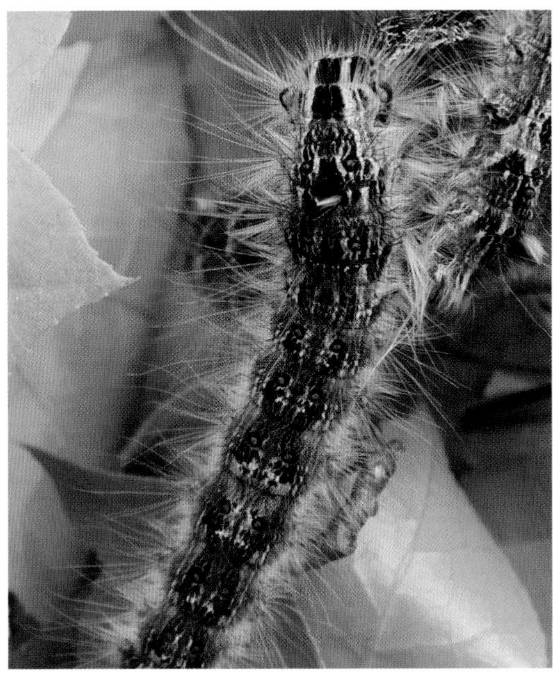

老熟幼虫

群集在树干基部休息的幼虫

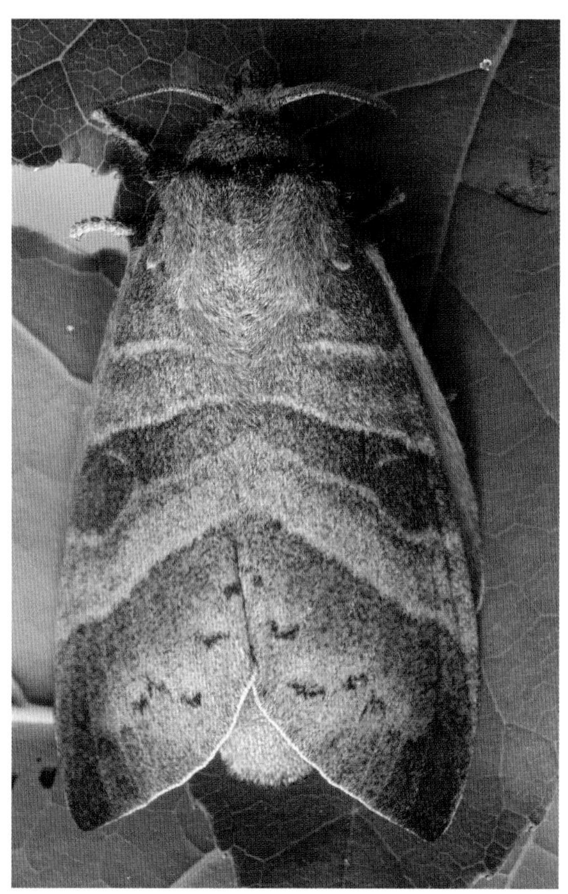

雌蛾

雌蛾头面观

雄蛾头面观

初孵幼虫

2龄幼虫

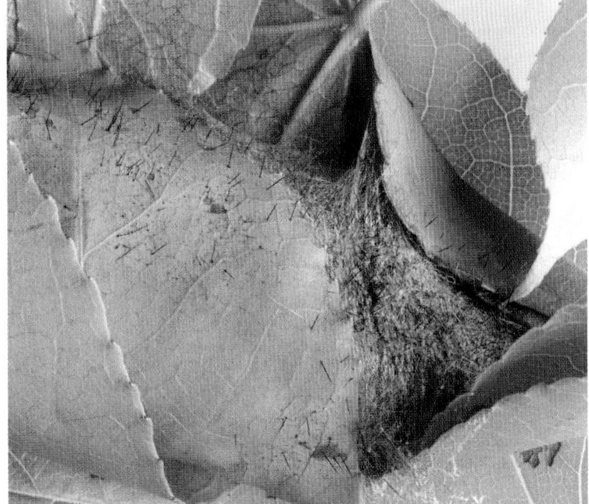
茧

蛹侧面

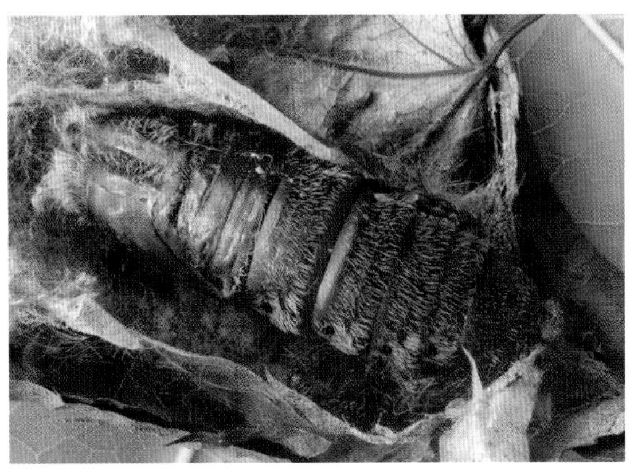
蛹背面

枯叶蛾防治方法

1. 营林措施

加强林分管理，合理密植，封山育林，创造不利于害虫生长发育的生态环境，建立自控能力强的森林生态系统。

2. 人工防治

枯叶蛾幼虫和茧体通常较大，容易发现，可进行人工捕杀。采捕时宜用夹子夹取或以木棒击杀，以防毒毛刺伤。将采到的茧置于竹筐内，上盖可容寄生性天敌飞出而成虫不能逃逸的筛子，再放置在林中，以便天敌返回林间。

3. 生物防治

低龄幼虫期，施用含孢量100亿/g的白僵菌粉剂、水剂或纯孢子油剂；用波纹杂枯叶蛾病毒虫尸悬浮液喷射幼虫。枯叶蛾幼虫和蛹期天敌种类较多，尽量减少或不用化学农药防治，以利保护天敌。招引益鸟等进行防治。

4. 物理防治

枯叶蛾成虫趋光性较强，可利用灯光诱杀。

5. 药剂防治

爆发成灾时，可利用药剂防治（药剂种类参考附表2），主要防治虫源地，迅速压低虫口。如采用1.2%烟参碱喷烟防治幼虫，烟参碱与柴油的比例为1：20，每亩使用的药量为0.4L。

波纹杂枯叶蛾幼虫

第六节

大蚕蛾科 Saturniidae

027　黄尾大蚕蛾

Actias heterogyna Mell

分类地位　鳞翅目 Lepidoptera

大蚕蛾科 Saturniidae

分　　布　福建、广东、广西、海南、西藏（王林瑶，2001b）。

寄主植物　枫香、樟、栎、枫杨、杨、柳、樱桃、乌桕等。

危害特点　幼虫食叶。

形态特征

成虫　体长20~27mm，翅展70~100mm。身体黄偏绿色，头部褐色，触角暗黄色，长双栉状，雄蛾的羽栉明显长于雌蛾；肩板及前胸前缘紫褐色；腹部棕黄色，尾端有黄色长尾毛。前翅暗黄色至明黄色，前缘紫红色，间有白色鳞毛，内线黄褐色呈波浪形，不甚明显；外线灰褐色呈大波浪形；中室端有1个椭圆形眼斑，眼斑的中间紫褐色，外围黑色，内侧黑纹比外侧宽；上角的赤褐色纹与前缘脉相连，翅脉黄褐色清晰可见，后缘色稍浅。后翅的颜色及斑纹与前翅相似，但中室的眼形纹比前翅的大，后角外伸呈长达约30mm的飘带；外缘下半至后角有棕红色边缘，雄蛾尾角上常见有红色条纹。前、后翅的反面各斑纹较明显。

雄蛾

幼虫 老熟幼虫体长59mm左右。大龄幼虫体色深绿，体各节背面具1对黄绿至橙红色瘤突，中、后胸节和第8腹节上的瘤突较大，气门上、下方各有1个小瘤突，其中气门下方的瘤突蓝色；瘤突上着生黑褐色刺及长毛。腹足上生有长短不一的黑褐色毛，尾足特大，臀板暗紫色。

蛹 红褐色。

茧 丝质，灰白色至棕褐色，长约23mm，宽约18mm。

生物学特性

成虫有趋光性，虫体大而笨拙，但飞行力较强，寿命7~12天。幼虫行动迟缓，食量大，取食时吃完一叶再食它叶，残留叶柄，老熟后于枝上贴叶吐丝结茧化蛹。

黄尾大蚕蛾的种群数量较为稀少。2018年4月12日采自福建省龙岩市新罗区铁山镇洋头村枫香树上的幼虫，5月2日结茧，5月18日成虫羽化。

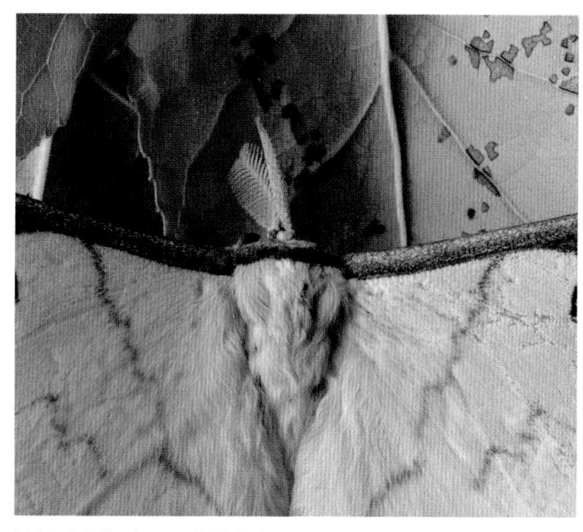
雄蛾头胸部（示羽状触角）

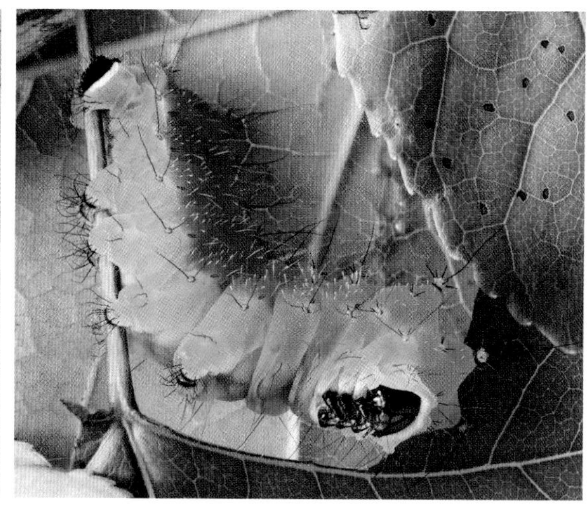
幼虫

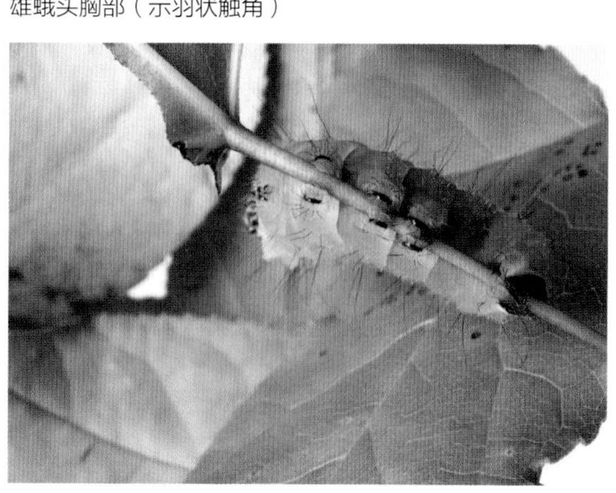
幼虫腹足

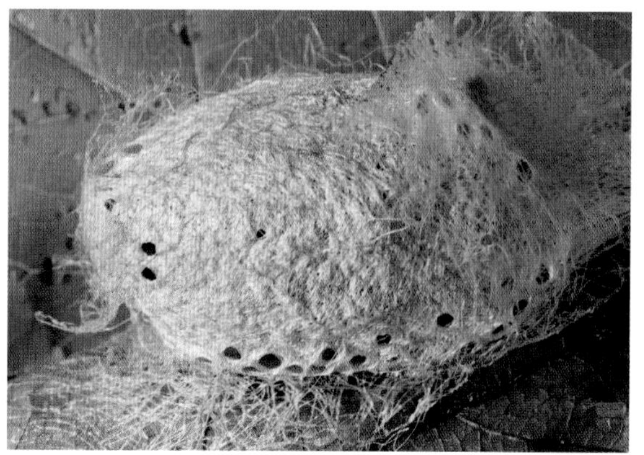
茧

028 绿尾大蚕蛾

Actias selene ningpoana Felder

中文别名 大水青蛾、月神蛾、水青蛾、燕尾蛾

分类地位 鳞翅目 Lepidoptera

大蚕蛾科 Saturniidae

分　　布 福建、华北、华东、中南各省（自治区、直辖市）；南亚各国（王林瑶，2001b）。

寄主植物 喜欢取食枫香、樟（袁波和莫怡琴，2006），主要取食梨、桤木、乌桕、喜树、核桃、杏、柳、杨、杨梅、山茱萸、丹皮、杜仲，也可取食枫杨、银杏、樱花、海棠、悬铃木、木槿、栗、樱桃、苹果、沙果、石榴、鸭脚木、紫薇、枣、葡萄等（廉月琰和方慧兰，1992）。

危害特点 幼虫食叶，低龄幼虫食叶成缺刻或孔洞，稍大时可把全叶吃光，仅残留叶柄或叶脉。大龄幼虫体型大，食叶量大，危害重。多发生在森林公园和风景园林区内。

形态特征

成虫 雌蛾体长35~45mm，翅展115~145mm；雄蛾体长30~40mm，翅展95~130mm。头灰褐色，头部两侧及肩板基部前缘有暗紫色横切带，触角土黄色，雄、雌触角均为长双栉形；体被较密的白色长毛，有些个体略带淡黄色。翅粉绿色，基部有较长的白色茸毛；前翅前缘暗紫色，混杂有白色鳞毛，翅脉及2条与外缘平行的细线均为淡褐色，外缘黄褐色；中室端1个眼形斑，斑的中央在横脉处呈1条透明横带，透明带的外侧黄褐色，内侧内方橙黄色，外方黑色，间杂有红色月牙形纹；后翅自M_3脉以后延伸成尾形，长达40mm，尾带末端常呈卷折状；中室端有与前翅相同的眼形纹，比前翅略小些；外线单行黄褐色，有的个体不明显。足紫红色。

通常雌蛾色较浅，翅较宽，尾突较短。不同世代的个体大小有变化，一般情况下越冬代成虫体形偏小；不同个体尾突亦有变形。个体的大小、颜色深浅还因取食不同植物而有所差异。

卵 球形稍扁，直径约2mm，初产暗绿色，渐变浅绿至褐色，夹杂条形灰白斑，形似雀卵。卵面具胶质黏连成块。

幼虫 一般共5龄，少数6龄。老熟幼虫体长平均73mm。初孵幼虫体长约3mm，黄褐色，腹部第1~6节颜色较深，上有6~8个黑斑，各体节有瘤突3对，瘤突基部亮黄色，端部着生黑褐色或白色刺毛；2龄幼虫体紫红色，其余同1龄幼虫；3龄体渐呈嫩绿色，具橘红色毛瘤3对，其中背面和气门下方的1对较大，毛瘤上有黑色和白色的刚毛。4~5龄体色较3龄更深更绿，体各节背面具橙红色至暗褐色瘤突1对，中、后胸节和第8腹节上的瘤突较大，瘤上着生深褐色刺及白色或褐色长毛；气门上、下方各有一着生黑色刺的小瘤突，其中气门下方的瘤突中间蓝色明显。尾足特大，臀板暗紫色。

蛹 长45~50mm，红褐色，额区有1个浅白色三角形斑。

茧 丝质，棕褐色。

生物学特性

绿尾大蚕蛾在华北一年2代（袁海滨等，2004），华中、华东一年2~3代（董邦香，2009；彭锦云等，2009；陈碧莲等，2006；雷冬阳和黄益鸿，2003；陈树仁等，1991；何彬等，1991），华南一年3~4代。以老熟幼虫在寄主枝干上或附近杂灌丛中结茧化蛹越冬。

一年发生2代地区，翌年4月中旬至5月上旬越冬蛹羽化，第1代幼虫5月中旬至7月为害，6月底至7月结茧化蛹，并羽化为第1代成虫；第2代幼虫7月底至9月为害，9月底老熟幼虫结茧化蛹越冬。一年发生3代地区，各代成虫盛发期分别为：越冬代4月下旬至5月上旬，第1代7月上中旬，第2代8月下旬至9月上旬；各代幼虫危害盛期是：第1代5月中旬至6月上旬，第2代7月中下旬，第3代9月下旬至10月上旬。在3个世代中，以第2、3代危害较重。

绿尾大蚕蛾在福建一年发生3~4代，越冬蛹3月下旬开始羽化。各代成虫出现期分别为3月下旬

至4月中旬、5月下旬至6月中旬、7月中下旬、8月下旬至9月下旬。幼虫发生期分别出现在4月上旬至6月上旬、6月上旬至7月下旬、7月下旬至9月中旬、9月中旬至10月下旬，但11~12月仍能见少量幼虫，12月老熟幼虫结茧化蛹，越冬蛹期4个月。

成虫多在中午前后和傍晚羽化，有趋光性，昼伏夜出，21：00~23：00最活跃，虫体大且笨拙，但飞翔力强。羽化当晚即可交尾，第2天晚上可产卵，卵多产于寄主叶面边缘及叶背、叶尖处，常数粒或偶见数十粒产在一起，成堆或排开，有时雌蛾跌落树下，把卵产在土块或草上，平均每雌产卵量为150粒左右。成虫寿命4~12天，卵期7~12天。初孵幼虫群集取食，1、2龄幼虫在叶背啃食叶肉，2、3龄后分散，取食时先把一叶吃完再危害邻叶，残留叶柄；4龄幼虫身体长大，叶片不能支持，常爬到叶柄或枝条上，伸长体躯以胸足抓住叶片取食。大龄幼虫行动迟缓，食量大，夜间取食量明显高于白天。幼虫蜕皮多在傍晚和夜间，老熟后于枝上贴叶或树干上吐丝结茧化蛹，多在20：00以后，茧外常黏附树叶。越冬代幼虫老熟后下树，附在树干或其他植物上吐丝结茧化蛹越冬。

雄蛾

雌蛾头部

雌蛾产卵中

初产卵

近孵化卵

初孵幼虫

2龄幼虫

3龄幼虫

3龄幼虫头部

4龄幼虫

5龄幼虫

5龄幼虫头部

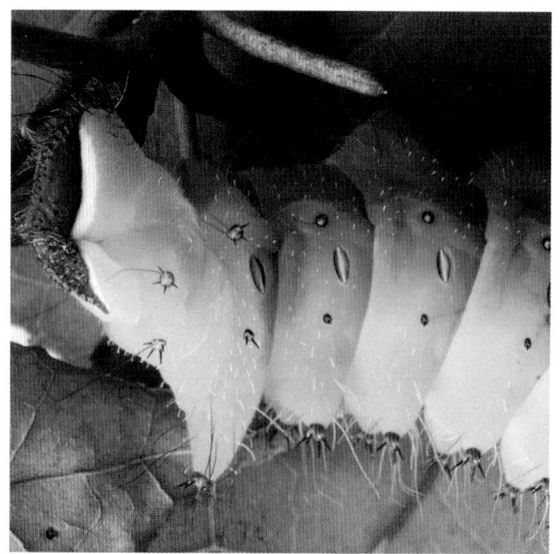
5龄幼虫尾部

茧

029 樟蚕

Eriogyna pyretorum（Westwood）

中文别名 枫蚕

分类地位 鳞翅目 Lepidoptera

大蚕蛾科 Saturniidae

分 布 福建、东北、华北、华南；俄罗斯，印度，越南等地（王林瑶，2001b）。

寄主植物 杂食性害虫，取食枫香、樟、枫杨、核桃、银杏、桦木、枇杷、沙枣、板栗、榕树、豆梨、麻栎、野蔷薇、榆树、番石榴、槭树、柯树等（王林瑶，2001b；李友恭等，1990）。

危害特点 幼虫取食叶片，严重时可将叶片吃光，影响树木生长。

形态特征

成虫 体长22~39mm，翅展61~118mm。头灰褐色，触角黄褐色，雌蛾触角栉齿状，雄蛾触角长双栉形；肩板白色，胸部棕色，中、后胸色稍浅，腹部灰白色，各节间有棕褐色横带，雌性末端有棕褐色长毛。前翅前缘棕灰色，顶外突，端部钝圆并有紫红色条纹，内侧上方近前缘有1个椭圆形黑斑及1条短黑色纹；内线棕黑，内线与翅基的暗褐色斑间有白色宽线，外线棕色双锯齿形，亚缘线呈断续的黑褐色斑，端线灰褐色，两线间为白色横带；中室端有圆形大眼斑，斑的外沿蓝黑色，内层外侧有淡蓝色半圆形纹。后翅灰白色有紫红色光泽，内线灰褐色，外线呈单齿形，亚外缘双行，两行间为灰白色宽带，端线灰色；中室有较小眼形纹，中间有眸形黑点及白色围圈。

卵 椭圆形，乳白色，初产卵呈浅灰色，长约2mm，宽约1mm。卵块表面覆有黑褐色绒毛。

幼虫 初孵幼虫黑色，成长幼虫头黄色，胴部青黄色。各节亚背线、气门上线及气门下线处，生有瘤状突起，瘤上具黄白色及黄褐色刺毛。腹足外侧有横列黑纹，臀足外侧有明显的黑色斑块。臀板有3个（1个或无）黑点。老熟幼虫体长74~100mm。

蛹 纺锤形，长25~34mm，宽约10mm，黑褐色至红褐色，具16~18根臀棘。

茧 椭圆形，长35~52mm，宽15~20mm，灰褐色，质地较硬。

雌蛾

雄蛾

生物学特性

樟蚕在福建、浙江一年发生1代（李友恭等，1995；刘仁骐，1988；方惠兰和廉月琰，1980），以蛹在枝干、树皮缝隙等处的茧内越冬。翌年2月下旬开始羽化，3月中旬为羽化盛期。成虫羽化后不久即可交尾，趋光性强。卵产于枝干上，由几十粒至百余粒组成卵块，卵粒呈单层整齐排列，上被有黑色绒毛。3~4月间幼虫相继出现，1~3龄幼虫群集取食，4龄后分散危害，5月下旬至6月上旬幼虫老熟，陆续在树干或树枝分叉处结茧化蛹，预蛹期8~10天，至7月下旬全部化蛹完毕。在福建幼虫期57~89天。

樟蚕核多角体病毒常在林间爆发流行，大量樟蚕幼虫因感染此病毒而死亡，该病毒可用于防治樟蚕（吴志远等，1987）。

取食枫香树叶的樟蚕幼虫

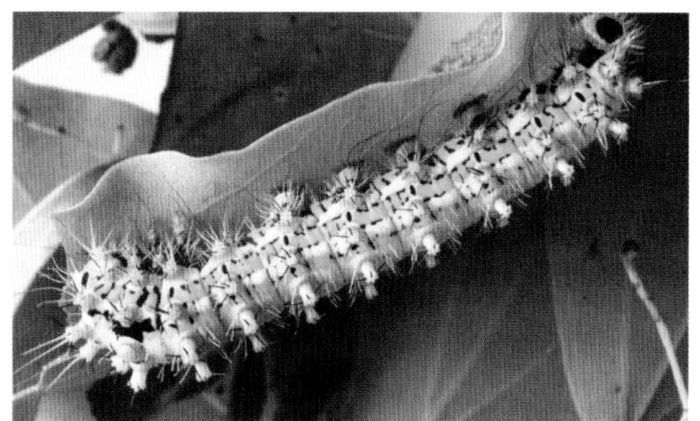

取食香樟树叶片的幼虫

香樟树干上爬行的幼虫

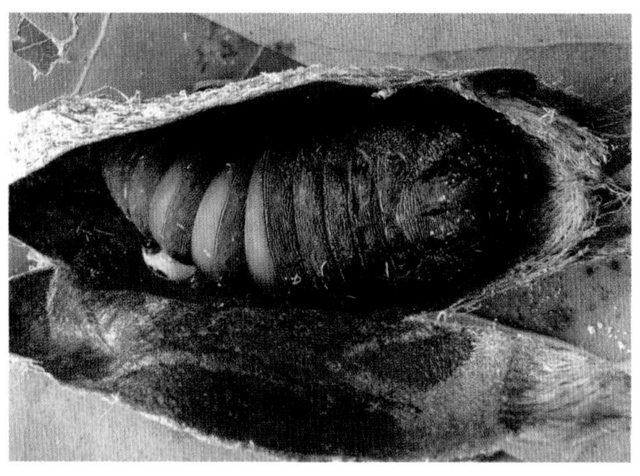

蛹背面

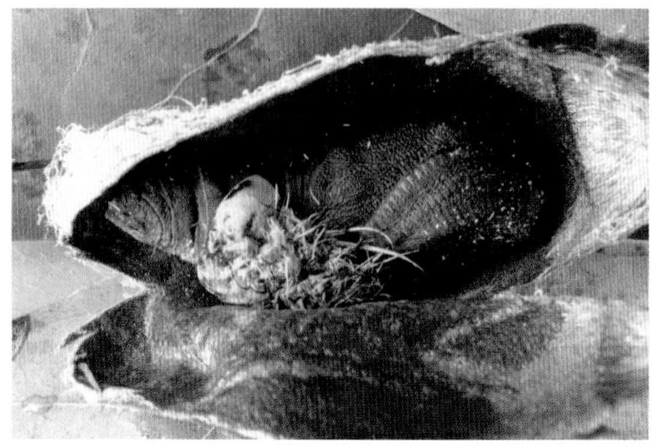

蛹侧面

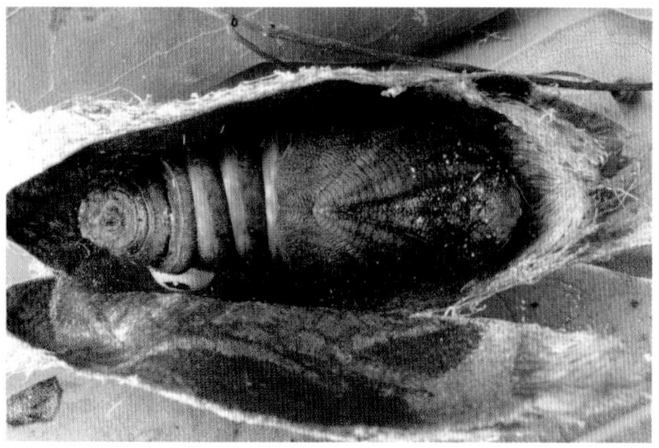

蛹腹面

茧

枫香树中上部叶片被樟蚕食光

施放绿僵菌粉炮后掉落地面的樟蚕幼虫

被绿僵菌感染的幼虫

大蚕蛾防治方法

1. 人工防治

在各代产卵期和化蛹期，人工摘除卵叶和茧蛹；樟蚕幼虫有群集及下树习性，利于人工捕杀幼虫；利用其蛹期长、结茧密集的特点，于冬季将茧摘除，集中杀灭，减少虫口数量。

2. 生物防治

在幼虫低龄时期，喷施苏云金杆菌1亿~2亿/mL孢子悬浮液；3~6月，可采用白僵菌、绿僵菌防治；或用1×10^9多角体/mL核型多角体病毒悬浮液喷杀樟蚕幼虫。注意保护天敌。

3. 物理防治

利用成虫的强趋光性，于羽化盛期，用灯光诱杀。

4. 化学防治

虫害严重时，可采用药剂防治（药剂种类参考附表2），尽量选择在低龄幼虫期施药。

第七节

天蛾科 Sphingidae

030 枫天蛾

Cypoides chinensis
（Rothschild et Jordan）

分类地位 鳞翅目 Lepidoptera
天蛾科 Sphingidae

分 布 福建（晋安、武夷山）、浙江、安徽、江西、湖北、湖南、广东、海南、贵州、台湾、香港；国外为与中国接壤的越南北部和泰国东北部（Pittaway and Kiching，2000）。

寄主植物 枫香、构树和栎属植物（潘爱芳等，2016；朱弘复和王林瑶，1980）。

形态特征

成虫 雌蛾体长20~24mm，翅展40~58mm；雄蛾体长18~22mm，翅展39~49mm。体棕黄色；前翅赭褐色，顶角突出，内线棕褐色，微呈波状，中线直，赭色宽带，外线波状赭色；后翅棕黄色，后缘有灰褐色缘毛（孟绪武，2001）。

卵 短椭圆形，光滑，浅绿色至淡黄色。宽0.9~1.1mm，长1.7~1.9mm。

幼虫 幼虫从2龄开始，体表花纹发生变化。有的个体体表（尤其是背面）出现红褐色斑纹，称为“褐斑型幼虫”；有的个体没有褐斑，称为“无斑型幼虫”。观察发现，“褐斑型幼虫”多发育为雄蛾，“无斑型幼虫”多发育为雌蛾（潘爱芳等，2017）。不同龄期幼虫的形态特征见表2。

蛹 黑褐色，长22~35mm，宽6~8mm。臀棘长2~3mm，三角形，有一短的分叉。头、胸背面及腹部有粗糙刻纹分布。

生物学特性

生活史 枫天蛾在福州一年发生3代（表3），具有世代重叠现象，各虫态发生期不整齐。以第3代（越冬代）历期最长，以蛹越冬，翌年4月越冬代成虫羽化。第1代4~7月，历期51~60天，其中卵期6~8天，幼虫期30~40天，预蛹期1~2天，蛹期10~13天，成虫寿命4~8天。第2代6~9月，历期46~53天，其中卵期5~7天，幼虫期21~26天，预蛹期1~2天，蛹期9~12天，成虫寿命5~8天。第3代（越冬代）8月至翌年5月，历期235~249天，其中卵期6~8天，幼虫期36~44天，预蛹期1~2天，蛹期218~237天，成虫寿命4~8天。

卵期 全天均可孵化，一般在傍晚或夜间孵化居多。孵化时，初孵幼虫先将卵壳咬一个洞并取食一部分，然后从卵壳中爬出来。卵的孵化率为87.9%±1.5%。

幼虫期 初孵幼虫有取食卵壳习性，然后在附近停息5~14小时后开始取食叶缘成缺刻，一天后幼虫体色开始变绿。叶片上未发现幼虫群集现象。幼虫取食、排泄、停息都在叶背，在叶面很少见幼虫。幼虫蜕皮时间多在8：00~15：00，有取食蜕皮习性，3龄后食叶量大增，3~5龄幼虫取食量占幼虫期取食量的80%以上，4~5龄幼虫每天可取食1~3片成熟的枫香叶，此时可在地面见到大量碎叶和大粒虫粪。

蛹期 老熟幼虫从树干上爬下或掉落地面，一般在树冠范围内的浅土中化蛹，入土深度50~120mm，在土中筑椭圆形土室，室壁光滑，在土室中预蛹期1~2天，即蜕皮化蛹。也有幼虫直接用落叶遮盖后，在叶下方用丝和碎叶、泥土围成一个简单蛹室，在其中化蛹。

成虫期 成虫羽化大多在4~10月出现，如果天气暖和，个别可在3月羽化。成虫多在上午羽化，羽化时腹部摆动，依靠头部顶破蛹壳后爬出，室内饲养羽化率高达92.6%。初羽化的成虫在蛹壳附近停留30分钟以上，待翅完全展开后爬行一段时间，然后飞离。夜晚具有趋光性。雌雄性比约为1∶1.05。羽化当天即可交配，交配后当天或第2天产卵，产卵量98~197粒，多散产于叶背或稀疏平铺在叶背面。

天敌 经观察，枫天蛾天敌有球孢白僵菌、金龟子绿僵菌，主要寄生幼虫或蛹。卵期有一种小蜂寄生，寄生率可高达40%以上；幼虫期有多种胡蜂和鸟类捕食。

表2 枫天蛾各龄期幼虫形态特征

龄期	体长（mm）	尾角长（mm）	形态特征	
			雌性幼虫（♀）	雄性幼虫（♂）
初孵	6~7	1.0~1.5	体浅黄白色，无花纹	同雌性
1龄	7~13	1.5~2.5	黄白色，无花纹	同雌性
2龄	11~18	3.5~4.5	头浅乳色，腹部第3~7节黄绿色，身体其他部分浅黄色。尾角上出现黑褐色的小颗粒或刺状突起，尾突端部黑褐色。趾钩双序中带，趾钩数：第3腹足23~25、第4腹足25~27、第5腹足28~30、第6腹足32~34、臀足33~36	头顶背面和第1胸节背面中央出现1黑褐色圆斑。其他特征同雌性
3龄	17~24	5.5~6.5	体黄绿色。头部前面两侧有黄白色斑纹，头部背面有1“八”字形的乳白色斑纹，前胸有3~4小环，中、后胸有4~5小环，腹部各节有7~8小环，环上有乳白色颗粒状突起，各节第1环上腹侧有1个较大的颗粒状突起。胸、腹部背面两侧各有1条连续的乳白色斑纹直至尾角基部。腹部第1~8腹节两侧各有一浅黄白色线状斜纹，从腹基线至背板最后1条至尾角基部。气门黄色。尾角基部和端部黑褐色	头顶背面和第1胸节背面中央有1黑褐色圆斑。腹节、胸节背面在各节的相邻处有1个三角形的红褐色斑纹，一般前节的斑纹较小而色淡，后节斑纹较大而色深，两节斑纹组成1个近似菱形的斑纹。其他特征同雌性
4龄	23~40	6.5~7.5	斑纹同3龄，但体色比3龄深绿。3对胸足、4对腹足和臀足及足基部上方均有紫红色斑纹，第3~8腹节气门前方也有一紫红色斑纹	头部额缝两侧出现红褐色斑纹，体上的红褐色斑纹变大。其他特征同3龄
5龄	38~55	7.5~8.5	体绿色偏黄。体上斑纹的颜色黄白色，斑纹同4龄。头顶出现1个红褐斑，第2胸节背面也出现1个红褐斑	腹部背面呈现黄白色。腹背线红褐色；腹背上的红褐色斑纹进一步扩大呈朝向尾角的箭型，箭头处灰白色，有2个黑色小颗粒。尾角基部背面也有较多黑色颗粒，尾角端部黑色
预蛹			体色为紫红色至红褐色，斑纹消失或变淡	同雌性

表3 枫天蛾年生活史

代数	4月			5月			6月			7月			8月			9月			10月			11月~翌3月		
	上	中	下	上	中	下	上	中	下	上	中	下	上	中	下	上	中	下	上	中	下	上	中	下
越冬代	(○)	(○)	(○)	(○)	(○)	(○)																		
		+	+	+	+	+	+																	
第1代			●	●	●	●	●																	
				–	–	–	–	–	–															
								○	○	○														
									+	+	+													
第2代									●	●	●	●												
										–	–	–	–	–	–									
												○	○	○	○	○								
														+	+	+	+							
第3代														●	●	●	●	●						
														–	–	–	–	–	–					
																	(○)	(○)	(○)	(○)	(○)	(○)	(○)	(○)

注：●卵，－幼虫，○蛹，(○)越冬蛹，+成虫。

雌蛾　　雄蛾

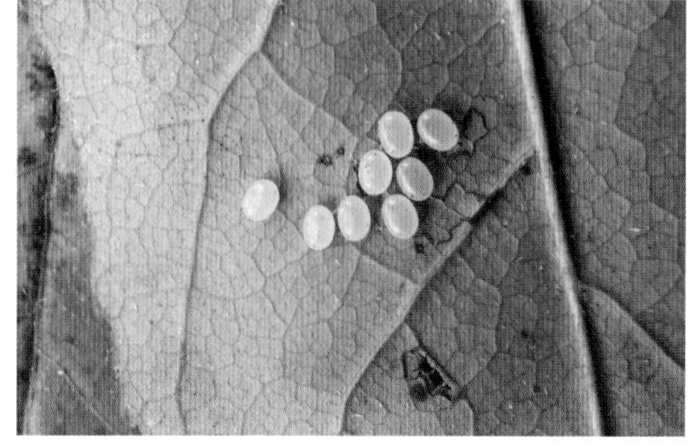

卵

初孵幼虫

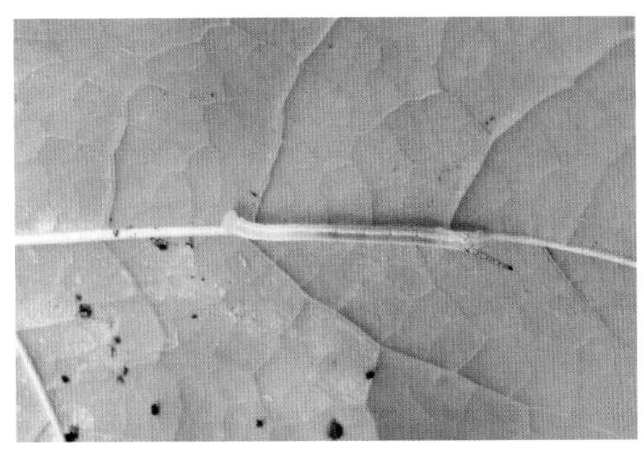
1龄幼虫

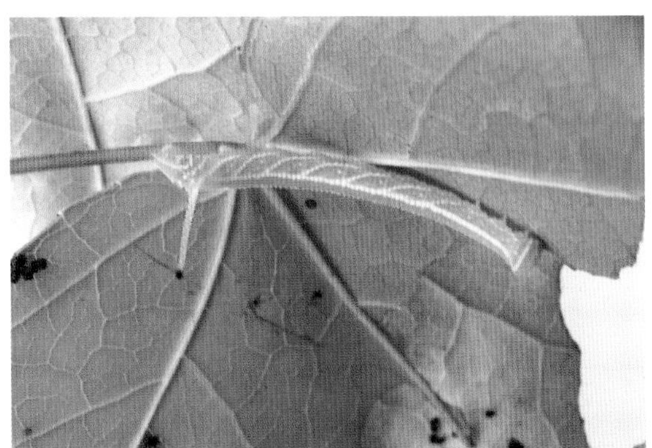
2龄幼虫

3龄幼虫

4龄幼虫

5龄幼虫

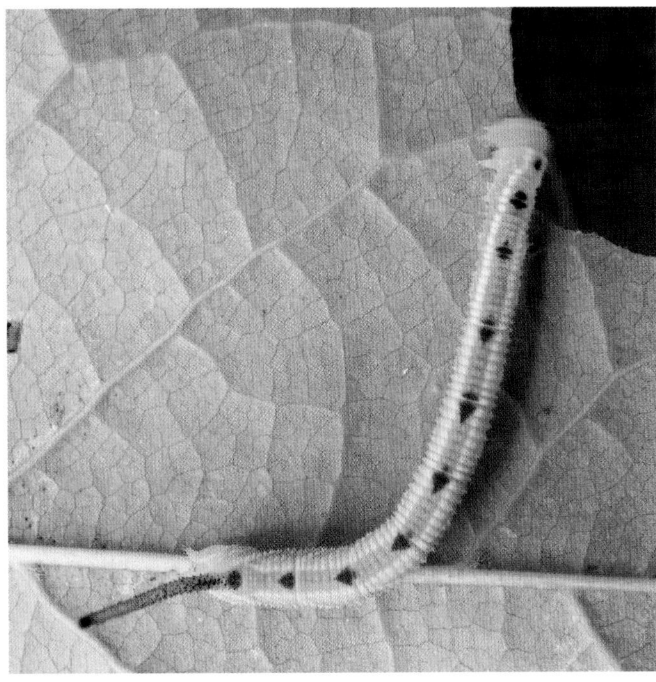
2龄幼虫（褐斑型）

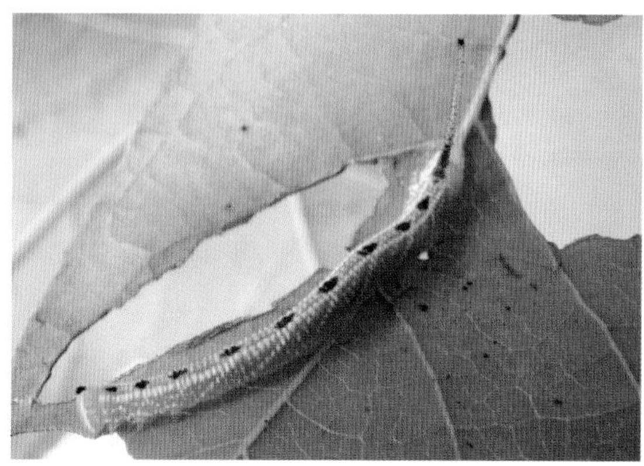

3龄幼虫（褐斑型）

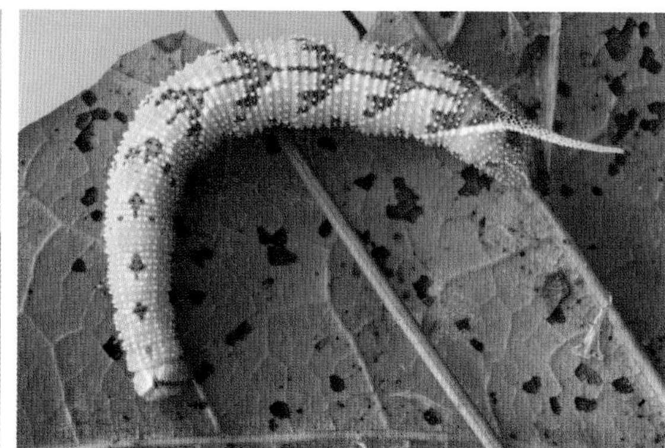

5龄幼虫（褐斑型）

老熟幼虫（预蛹）

土中蛹（腹面）

蛹背面

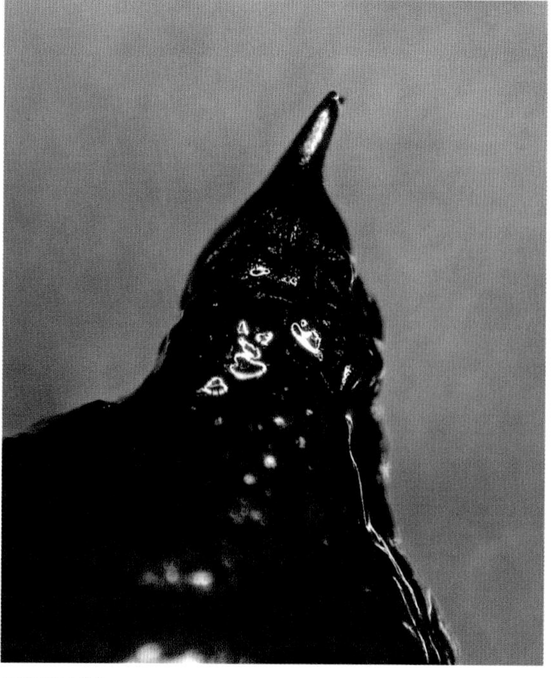

蛹腹部末端

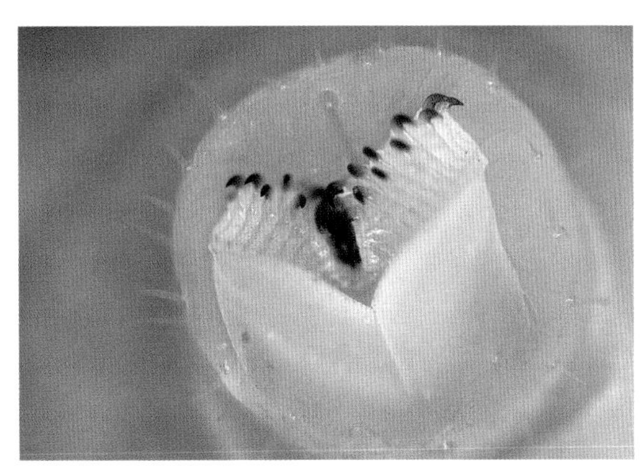
幼虫第1腹足趾钩

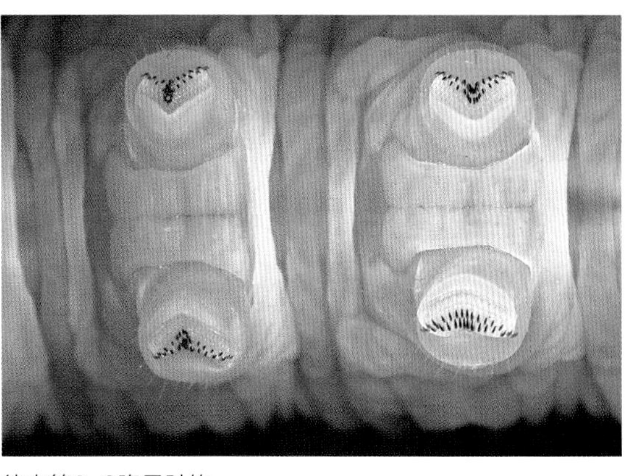
幼虫第2~3腹足趾钩

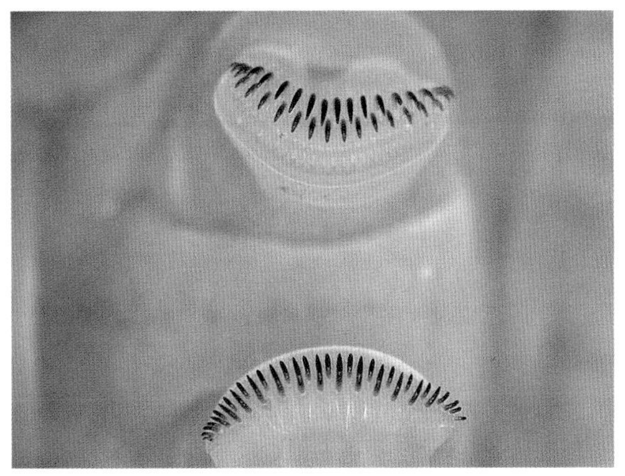
幼虫第4腹足趾钩

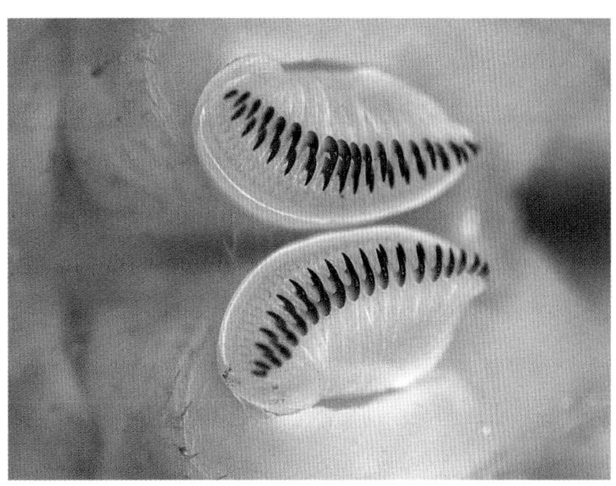
幼虫第5腹足（臀足）趾钩

天蛾防治方法

1. 营林措施

冬季垦覆，杀灭越冬虫蛹。

2. 人工防治

根据地面和叶片的虫粪、碎片，人工捕杀幼虫。老熟幼虫入土化蛹时地表有较大的孔，两旁泥土松起，可循孔人工挖除杀灭，减少下代虫量。

3. 生物防治

保护螳螂、胡蜂、茧蜂、益鸟等天敌。用含量为16000IU/mg的苏云金杆菌可湿性粉剂1000倍液喷雾，或用白僵菌、绿僵菌防治。

4. 物理防治

成虫盛发期可用灯光诱杀。

5. 药剂防治

爆发成灾时，于幼虫盛发期，在低龄幼虫期用药效果更好。

第八节

尾夜蛾科 Euteliidae

031 红伊夜蛾

Anigraea rubida Walker

（中国大陆新记录种）

中文别名 枫香缀叶夜蛾、折狭翅尾夜蛾

分类地位 鳞翅目 Lepidoptera

尾夜蛾科 Euteliidae（陈一心，1999；Walker F.，1862）。

分　　布 福建（漳平、永春）、台湾（桃源）；泰国，越南，菲律宾，印度尼西亚，马来西亚半岛，婆罗洲，苏拉威西岛，苏门答腊，印度，尼泊尔，不丹（Holloway，1985）。

寄主植物 枫香、丝栗栲。

危害特点 幼虫卷叶成虫苞，取食叶片。

形态特征

成虫 体长10~13mm，翅展19~23mm。体棕褐色被黑色鳞毛；喙发达，下唇须向上伸，第2节约达头顶，第3节长；额光滑无突起，有鳞片簇；复眼大；雄蛾触角线形；胸部被鳞片，无毛簇，胸部腹面有1个三角形的白色斑纹，下接1个棕褐色三角斑纹，2个三角斑纹对接呈酒杯形。腹长，侧面有鳞片簇及成对的臀毛束。翅黑色至紫灰色（自然停息时双翅皱褶卷曲略呈筒状）；前翅窄长，有一副室；翅脉黑色明显；基部、前缘和后缘区色深；亚缘线灰色纤细，M_2脉前可见，其他横线不明显，有些个体可见内横线外向黑色弧形弯曲、中横线黑色，由前缘略内斜至中室后缘，再向内斜至后缘近内横线处、外横线黑色略弧形内斜至M_3脉，再内向弧形弯曲至后缘；肾状纹隐约可见。后翅基半部灰色，外半部黑色至烟黑色，翅脉色深；新月纹模糊，隐约可

成虫

见雾状斑。

幼虫　幼虫被稀疏刚毛。老熟幼虫体长16~19mm，宽2~3mm；头、前胸漆黑色；中后胸、腹部紫褐色；胸、腹部各节有10个微凸的深色小瘤斑，胸部的斑排列成一直线，腹部背面的4个斑分列于背线的两侧，呈“八”字形排列。

蛹　黑色，长9~12mm，宽3~4mm。

生物学特性

2017年4月20日福建省永春碧卿林场采集的幼虫，4月22~24日化蛹，预蛹期1~2天，蛹期23~24天，5月15~16日羽化成虫。2016年6月8日福建省漳平五一林场采集的幼虫，6月14日开始化蛹，蛹期9~15天，6月23~28日羽化成虫。据此推算，该虫在福建南部一年可发生4~5代。

幼虫吐丝将枫香树枝梢的2~4片叶缀连成虫苞，多在晚上爬出虫苞取食外围叶片，白天匿居虫苞内，排粪在虫苞内或虫苞外。随着虫龄的增大可转苞危害。老熟幼虫在苞内化蛹。成虫自然停息时腹部末端翘起，双翅皱褶卷曲略呈筒状，向腹部末端外侧斜伸，整个虫体呈“个”字形。

成虫自然停息状态背面观

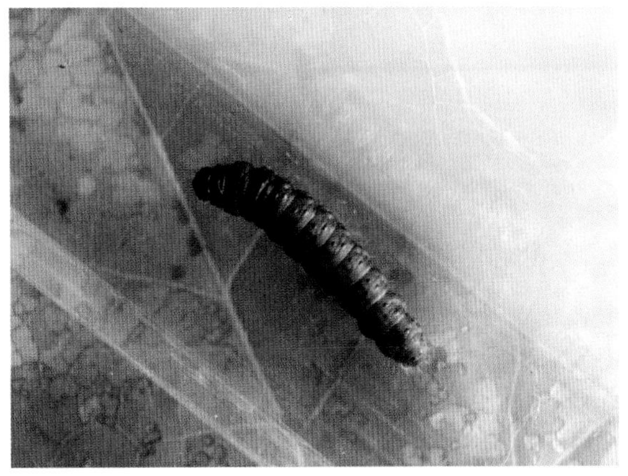

老熟幼虫背面观

成虫自然停息状态正面观

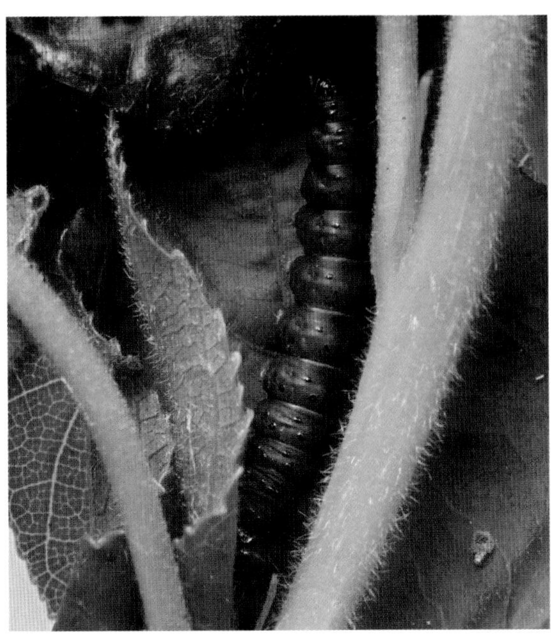

虫苞中的老熟幼虫

虫苞上的幼虫出入孔

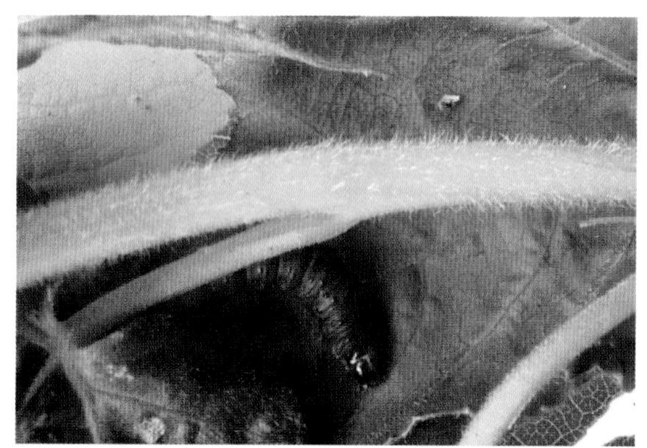
老熟幼虫头部

幼虫吐丝缠绕叶柄和小枝，便于结虫苞

蛹与茧

虫苞

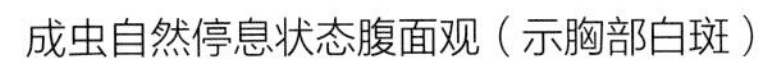

成虫自然停息状态腹面观（示胸部白斑）

成虫自然停息状态侧面观

虫苞

032 鹿尾夜蛾

Eutelia adulatricoides（Mell）

分类地位 鳞翅目 Lepidoptera

尾夜蛾科 Euteliidae

分　　布 福建（晋安、武夷山）、江西、湖南、广东、海南、西藏、台湾（陈一心，1999）；日本。

寄主植物 枫香。

危害特点 幼虫取食叶片。

形态特征

成虫 体长12~14mm，翅展32~35mm。头部及胸部棕褐色；前翅褐色，中区及亚端区带灰白色，基线及内线均双线灰白色，两线间色暗，环纹及肾纹均有细白边，中脉及亚中褶各有1条黄白纵纹，中线黄白色，不完整，外线双线棕色，在中室外方为2个外突齿，并呈黑色，前后端亦带黑色，亚端线曲度与外线相似，前端内侧衬白，外侧色黑，外方隐约有1个棕色三角形斑，翅外缘1列黑点，缘毛中段有几个黑纹；后翅白色，端1/3暗褐色，近臀角处1条白曲纹，隐约可见暗褐色外线及横脉纹，腹部棕褐色。

幼虫 老熟幼虫体长16~20mm，宽3~4mm。大龄幼虫有黄绿色和紫红色二型。黄绿色幼虫头墨绿色，体密布黄白色斑纹，背中央显浅蓝色，亚背线黄白色，气门线棕黄色；紫红色幼虫头乳白色，斑纹同黄绿色幼虫。老熟幼虫化蛹前体多呈紫绿色。

蛹 棕褐色，长约16mm。

生物学特性

2017年9月15日在福建省武夷山市里洋村凹头自然村采集的幼虫，9月21日化蛹，10月3日成虫羽化，10月6日成虫死亡。10月22日在福州市晋安区宦溪镇亥由村采集的幼虫，10月25日预蛹，26日化蛹越冬。12月中旬仍能采集到幼虫。

成虫在晚上羽化，自然停息时腹部末端向上翘起，双翅斜向下伸，使得虫体看上去呈“个”字形。幼虫取食叶片，多停息于叶背。老熟幼虫在枝间吐丝结薄茧化蛹，预蛹期1~2天。10月中下旬以蛹越冬。

成虫背面

成虫腹面

自然停息的成虫侧面

自然停息的成虫正面

成虫和蛹壳

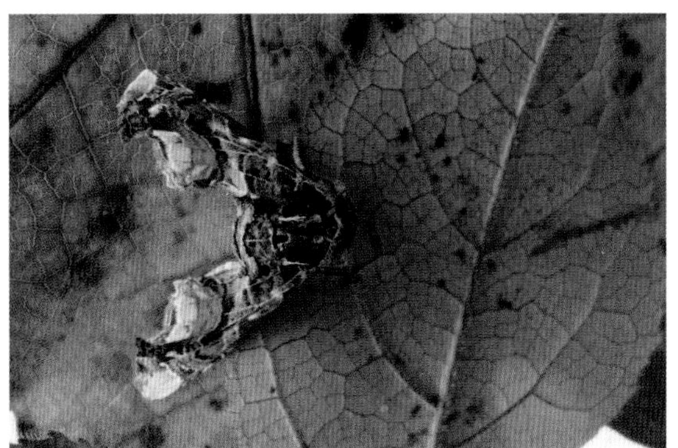
自然停息的雄蛾（示腹部末端的三束尾香毛簇）

幼虫

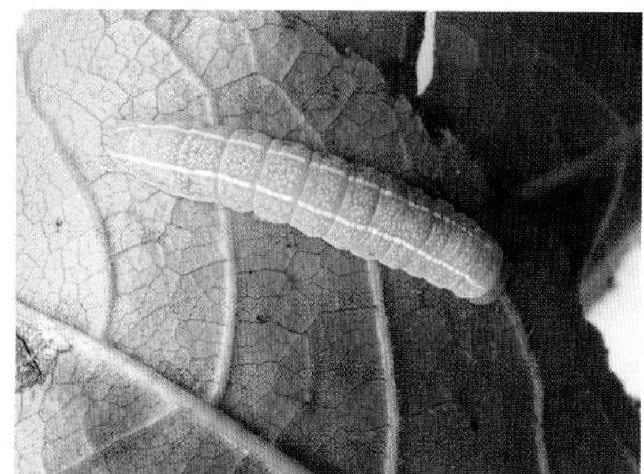
幼虫背面观

幼虫侧面观

不同色型的幼虫

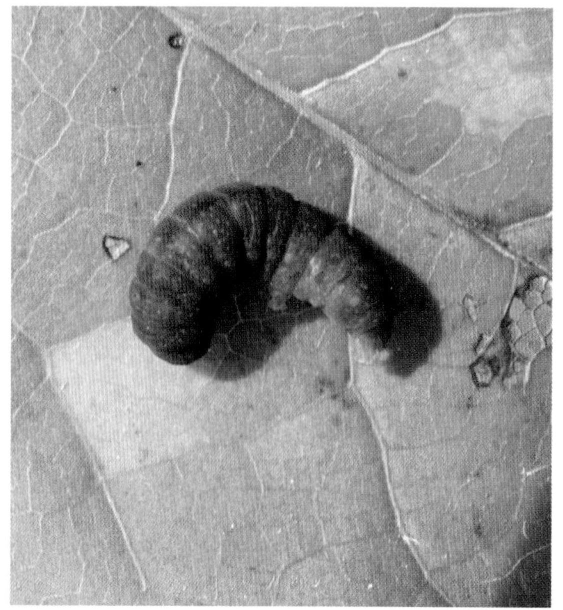
预蛹

薄茧中的蛹

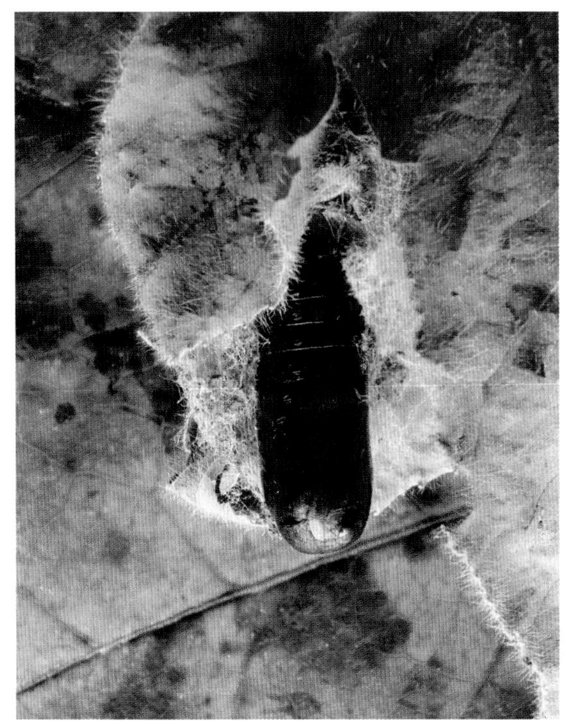
蛹侧面

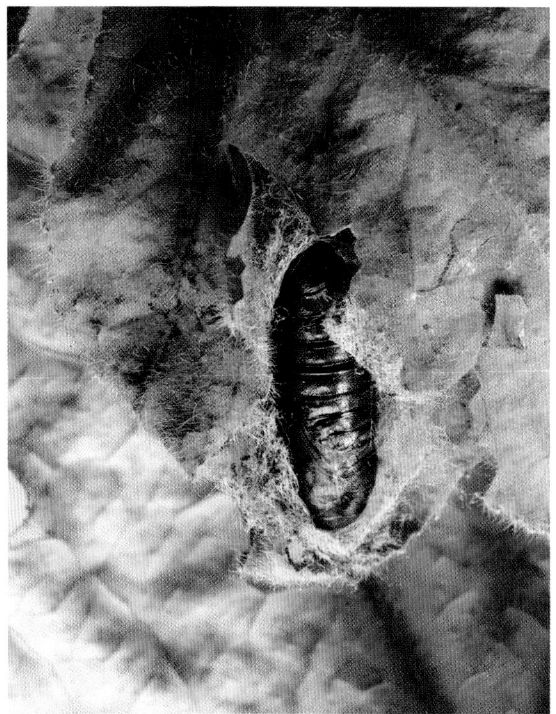
蛹背面

尾夜蛾防治方法

1. 营林措施

结合管理，林间培土进行灭蛹，可减少下代虫源基数，降低发生程度。

2. 人工防治

在害虫发生高峰期，人工摘除卵块或群集幼虫枝叶，减少害虫虫口基数，减轻危害。

3. 生物防治

尾夜蛾的天敌种类较多，如蜘蛛、赤眼蜂、寄生蜂、病原菌及捕食性昆虫，对其天敌应多加保护利用。

4. 物理防治

诱杀成虫。将酒、水、糖、醋按照1∶2∶3∶4比例配制诱虫液，傍晚时将装有诱虫液的盆子放于林间支架上，诱杀成虫。成虫高峰期用灯光诱杀。

5. 药剂防治

害虫在1~3龄时多群集叶背，且食量小、抗药性差，是药剂防治的最佳时机。因此，应在虫龄较小时及时防治，在晴天8：00前或傍晚施药。4龄后幼虫具有夜间危害特性，应在傍晚施药。防治药剂种类参考附表2。

第九节

毒蛾科Lymantriidae

033 环茸毒蛾 *Dasychira dudgeoni* Swinhoe

分类地位 鳞翅目 Lepidoptera

毒蛾科 Lymantriidae

分　　布 福建（晋安、延平）、江苏、浙江、湖北、湖南、广东、广西、海南、云南、台湾；印度，印度尼西亚（陈一心等，2001）。

寄主植物 枫香、油茶、茶。

危害特点 幼虫取食叶片，影响生长和产量。

形态特征

成虫 第1、2代雌、雄体全为棕黑色，越冬代雌、雄体呈季节性异色。

第1代成虫体长9~15mm，翅展34~39mm，雄蛾体略小。头部和胸部浅棕黑色，触角双栉齿状。后胸背中央有一丛棕黑色具光泽鳞毛，腹部浅红灰色。前翅浅棕黑色，基部带红灰色，内线灰白色呈弧形弯曲，径脉和中脉间有一不规则形棕色斑，斑缘为深褐色，中室末端有一浅黑棕色横脉纹，其周围为浅棕色。后翅浅棕灰色。越冬代雄蛾同第1代，雌蛾体粗壮，灰白色，体长10~16mm，翅展38~43mm；触角灰白色，栉齿短小灰白色；前翅灰白色，在基部有一不规则三角形线，中线和内线区、中脉和径脉间有较长的椭圆形浅棕黑色斑，端线为波状浅棕黑色，中线到亚端线间有大片不规则棕黑色斑或纹；后翅灰白色。

卵 白色，圆球形，顶点稍凹陷。

幼虫 幼虫随着虫龄的增加，体色逐渐变淡，体上刚毛出现很大差异。初孵幼虫体黑色，长约2mm。2 龄幼虫头、胸灰褐色，腹部黑色；前胸刚毛灰黑色，中、后胸刚毛白色，杂以少量灰黑色刚毛；第4、5、8腹节背面有1对黄色至黄红色毛；翻缩腺灰白色。3龄幼虫体长

5龄幼虫第1~4腹节背面较长的灰白色刷状毛束

5龄幼虫第8腹节背面1束向后斜伸的棕褐色毛束和第6、7腹节背面的橙黄色腺体

13~17mm，体色灰白泛绿，布满浅褐色不规则斑点；每个体节气门线上方有一毛瘤，具灰白色放射性簇状毛1束；前胸两侧毛瘤突出，各有1束向前伸出的白色羽状刚毛，其前端毛球黑色；第1~3腹节背面有较长的灰白色刷状毛束，依次渐短渐淡；第1、2腹节的刷状毛后的体背表面呈黑色，第8腹节背面有1束竖起向上略后斜的棕褐色毛束，第6、7腹节背面各有一橙黄色腺体，第4、5、8腹节亚背线各有一橙红色腺体。至4龄时第4腹节背部刷状毛出现，但较短。腹部第6、7节背线上翻缩腺橙色，第4、5、8腹节亚背线上橙红色腺体消失。至5龄时老熟幼虫体长达35~49mm，连同体毛长可达60mm，体毛雪白或灰白色。

蛹 雄蛹体长20~25mm，雌蛹体长23~31mm，开始为淡绿色，触角、喙等处有黑色斑点，后为橙黄色。体被黄白色短毛，以腹部为多，腹部第1~2节背面各有一毛瘤，臀棘上有多枚钩刺。

茧 白色，椭圆形，长径25~34mm，短径5~7mm。茧有2层，为丝和毒毛的混合物，外层大而蓬松，一端留有羽化孔，内层致密。

生物学特性

环茸毒蛾在福建一年发生2~3代，多以卵越冬，2~12月均可见幼虫；在浙江多为2代（刘剑等，2012）。在福建，越冬代卵2月上旬开始孵化，4月下旬幼虫开始老熟化蛹，5月下旬至6月上旬成虫羽化产卵。第1代卵6月上旬孵化，至8月下旬成虫产卵。第2代幼虫在11月中下旬化蛹，12月中下旬成虫羽化，产第3代卵进入越冬。

雌蛾羽化后爬至茧上，等待雄蛾飞来交尾。雄蛾羽化后也爬至茧上，待体翅硬后飞翔寻偶交尾。交尾多在晚上，交尾后翌日，雌蛾将部分卵先产在茧上，再飞到寄主的叶背面继续产卵，每雌蛾产卵可达400多粒。幼虫5龄。第1、2代卵产后经7~15天孵化，初孵幼虫有取食卵壳习性。1龄幼虫在叶片上啃食上表皮，留下一层薄膜；3龄后幼虫可取食全叶。幼虫白天多停息，大龄幼虫停息时第1~3节腹背刚毛合拢，状似1束刚毛；晚上活动取食或迁移。老熟幼虫爬至寄主的中下部叶片下，吐丝连缀2~3片叶结茧化蛹，预蛹期4~7天，蛹期5~7天。

雄蛾

棕黑色型雌蛾

灰白色型雌蛾产卵

卵和初孵幼虫

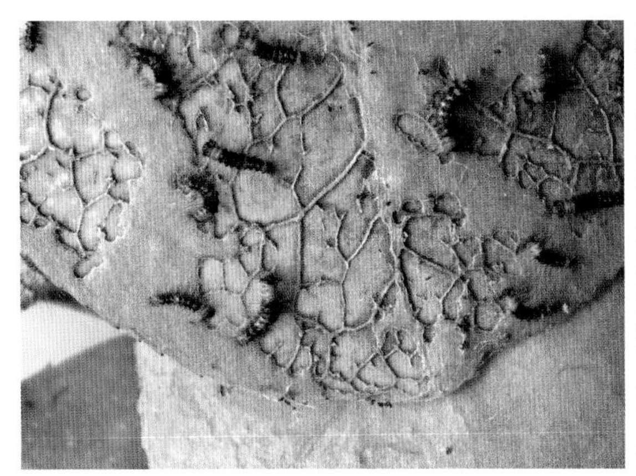

2龄幼虫

3龄幼虫

停息于枫香叶片的4龄幼虫

停息于枫香树干的5龄幼虫

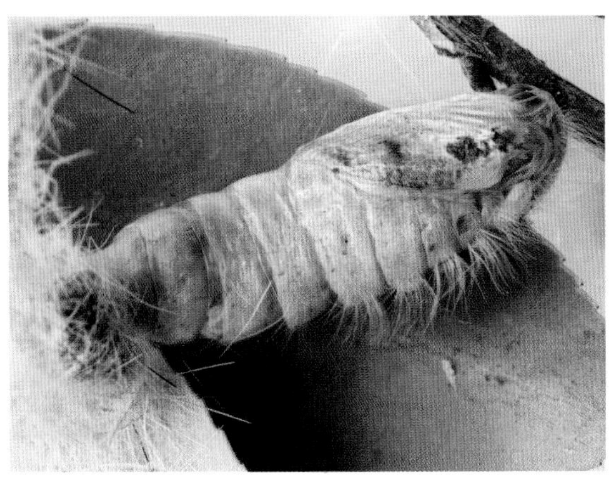

近羽化的蛹

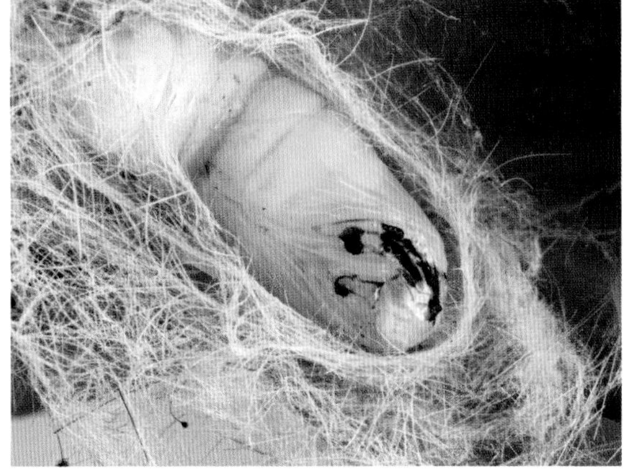

蛹与茧

034 线茸毒蛾
Dasychira grotei Moore

分类地位 鳞翅目Lepidoptera
毒蛾科Lymantriidae

分　　布 福建（全省）、江苏、安徽、河南、湖北、湖南、广东、广西、四川、云南、甘肃、台湾；印度（陈一心等，2001）。

寄主植物 枫香、樟、泡桐、悬铃木、重阳木、柳、黑荆、榆树、榉、朴、樱花、刺槐、荔枝、枇杷、柑橘、杧果、月桃、月季、桂花、棉花、红芋、大豆等多种农林植物（陈一心等，2001）。

危害特点 幼虫取食叶片，大发生时能将树叶食光，严重影响林木的生长发育。其幼虫常吐丝随风飘荡，行人触及幼虫毒毛后，皮肤奇痒难忍。

形态特征

成虫 雌蛾体长26~28mm，翅展66~68mm；雄蛾体长18~22mm，翅展42~49mm。触角干白色，栉齿棕色，下唇须灰白色，外侧褐色。头、胸部白灰色带浅棕色，体腹面和足棕白色。前翅棕白色，散布黑褐色鳞片；亚基线黑褐色，锯齿形；内线双线，黑褐色，内1线呈“S”形弯曲，外1线不规则波状；横脉纹新月形，浅棕色，边黑褐色；外线黑褐色，波浪形；亚端线白色，波浪形，与外线平行，两线间黑褐色；端线为1条黑褐色细线；后翅浅棕黄色，横脉纹和外缘灰棕褐色；前、后翅缘毛白色。前、后翅反面浅棕色，前缘棕褐色，横脉纹和外缘线黑褐色。

卵 扁圆形，立卵，卵径1.1~1.2mm，高平均0.95mm，灰白色。卵顶灰黄色，微凹。近孵化时颜色变深，呈灰黑色。

幼虫 初孵幼虫体长约3.5mm，头宽约0.5mm。幼虫体色变化较大，有黄、灰黄或黄褐色型；体各节有黑色瘤突，每个瘤突上有数根黑色长毛和白色短毛。老熟幼虫体长40mm左右，头宽4mm左右，头部暗黄色，体淡黄色，体各节

黄色型幼虫背面

均有毛瘤，上生有鹅黄色长毛。第1~2腹节背面的中央节间黑色，第1~4腹节背面有刷状毛束，第8腹节背面有1斜向后伸的长毛束，各毛束均为黄色长毛。气门椭圆形，前胸气门约比其他气门大1倍，第8对气门比其他腹部气门略大。腹足趾钩为单序中立式。

蛹 淡黄色，腹背面密生黄白色的斑毛，触角不及翅长一半，雄蛹长17~22mm，雌蛹长28~32mm。

茧 黄白色，用丝和幼虫体毛混合织成疏松薄茧。

生物学特性

在福建省福州市一年发生4代，以蛹在丝茧内越冬。成虫羽化盛期分别出现在3月上旬、6月上旬、8月中旬和9月下旬。10 月下旬开始老熟幼虫在向阳背风的树杈、树下灌丛、石缝等处结茧化蛹越冬。由于枫香大多在3月中下旬开始初展新叶，因此，第1代幼虫主要在其他常绿阔叶树上危害。

成虫多在夜间羽化，数小时后即可交尾产卵，卵产于叶背、树干上，卵块呈片状，每块有卵几粒至数百粒不等，平均每块有卵百余粒，卵表面无覆盖物，每雌蛾产卵量177~434粒；未经交尾的雌蛾亦产卵，但卵不孵化。成虫白天静伏于树干，20：00后开始活动，寿命3~7天；雌雄性比为1∶1；成虫有较强的趋光性；雌蛾有引诱雄蛾行为（孙巧云和赵自成，1990；王福超等，1992；吴志远，1990）。

卵经7天左右孵化，孵化率95%以上。初孵幼虫有取食卵壳习性，幼龄幼虫群集于叶背取食叶肉部分，3龄后开始分散取食全叶。幼虫吐丝下垂，随风迁移，一般6~7个龄期，历期38~59天。幼虫行动敏捷，一遇惊扰，虫体头尾相靠，紧缩成团显示出腹部第1、2节交界处的大黑斑，以示警戒，不久后迅速迁移别处。

幼虫在泡桐林中呈聚集分布（郭在滨等，1999）。幼虫老熟时，四处爬动，寻找隐蔽场所，先吐少量丝固定，继而以丝把两叶缀合在一起或把叶子扭弯后，吐丝结一较松散的白黄或褐色的薄茧，茧留有明显的羽化孔，茧有时也附在枝干交叉处。经2~3天预蛹期后化蛹。越冬代蛹期为103~120天，其他各代均为7~10天。

幼虫期天敌有黑侧沟姬蜂、悬茧姬蜂、芦寇狭颊寄蝇、松毛虫狭颊寄蝇、苏门答腊狭颊寄蝇和灰腹狭颊寄蝇。其中苏门答腊狭颊寄蝇对线茸毒蛾幼虫抑制作用较强。此外，蠋蝽的若虫和成虫亦可刺食其幼虫。质型多角体病毒、白僵菌也有较高的感染率。蛹的天敌主要有：松毛虫黑点瘤姬蜂、茸毒蛾匙鬃瘤姬蜂、茸毒蛾嵌翅姬蜂、尖音狭颊寄蝇、善飞狭颊寄蝇。

卵

卵

雌蛾

灰黄色型幼虫背面

黄褐色型幼虫背面

雄蛾

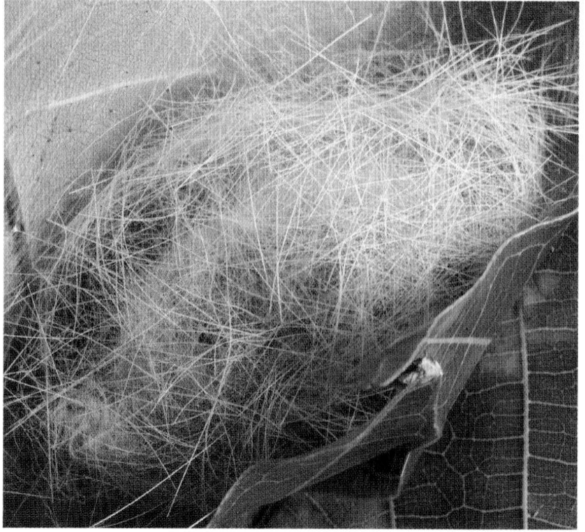
茧

蛹侧面

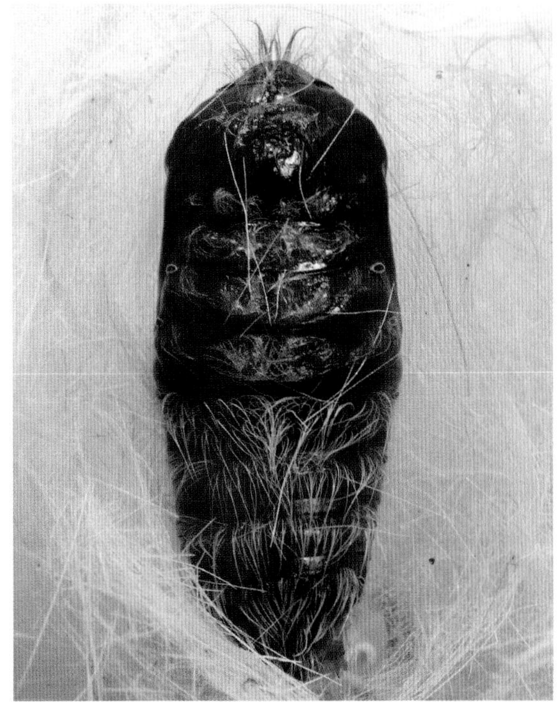
蛹背面

蛹腹面

幼虫被寄生蝇寄生后的寄生蝇茧

被白僵菌感染的幼虫前期

被白僵菌感染的幼虫僵虫

035 茶黄毒蛾

Euproctis pseudoconspersa Strand

中文别名 茶毒蛾、油茶毒蛾

分类地位 鳞翅目 Lepidoptera

毒蛾科 Lymantriidae

分　　布 福建（全省）、江苏、浙江、安徽、江西、湖北、湖南、广东、广西、四川、贵州、云南、西藏、陕西、甘肃、台湾（张汉鹄和谭济才，2004）。

寄主植物 枫香、油茶、山茶、茶、枇杷、柑橘、乌桕、油桐等林木和果树。

危害特点 以幼虫食害叶片、嫩枝皮及花蕾；幼虫体上有毒毛，人体触及会引起皮肤红肿瘙痒。

形态特征

成虫 雌蛾体长8~13mm，翅展26~36mm，黄褐色；前翅除前缘、翅尖和臀角外，均密布深褐色鳞片；顶角黄色区内有黑点2个；后翅除外缘和缘毛外，均散生茶褐色鳞片。腹末具黄色毛丛。雄蛾体长6~10mm，翅展20~28mm；黄褐色至深茶褐色，有季节性变化；翅面斑纹与雌蛾相似；腹末无毛丛。不同世代斑纹稍有差异。

卵 扁球形，直径约0.8mm，高约0.5mm，黄白色；卵数十粒至百余粒集成块，上覆有黄褐色厚绒毛。

幼虫 不同龄期的形态有较大差异。末龄幼虫体长20~26mm，头部褐色，体黄色至黄褐色，圆筒形；胸部3节较细。各体节除末节外，均有4对毛瘤，位于亚背线、气门上线、气门下线和基线上；前胸第1~8腹节背面1对毛瘤明显，并簇生黑色短毛与散射的黄白色长毛，其中1~2腹节背侧1对毛瘤大而相互紧靠。头尾有长毛向前后伸出。体侧沿气门上方纵贯1条黄白色线。不同寄主植物的幼虫在体色上有较大差异，取食枫香的幼虫颜色更艳，斑纹更清晰。

蛹 圆锥形，长7~10mm，黄褐色，末端有钩状刺约20根，集成1束。

茧 丝质薄茧，长12~14mm，黄褐色，多附有黄褐色体毛。

生物学特性

一年2~5代，随各地温度不同而异（张汉鹄和谭济才，2004）。在福建一年发生3~5代，以卵在植株中下部的叶背越冬；在枫香（树）上，一年发生3~4代。在福建，越冬代的卵4月上旬开始孵化，幼虫危害期分别在4月上旬至5月下旬，6月上旬至7月下旬，7月下旬至9月中旬，9月中旬至11月上旬。成虫有趋光性，每头雌蛾产卵量一般100~200粒。卵块大多产在植株中下部老叶背面。同一卵块的卵，常常在一天内孵化完。幼虫6~7龄，1~3龄时有群集性，常数十头至百余头聚集在叶背，3龄后开始分散危害。1~2龄时，在叶背食害而留下叶的上表皮，3龄后食量明显增大，虫体多沿叶片边缘咬食成缺刻，或将叶片几乎全部吃光仅留下叶柄；严重时，可将花蕾和嫩枝皮部都吃掉。幼虫有成群迁移到另外枝叶上危害的习性。夏天中午阳光强烈时，幼虫常躲在植株基部阴暗处，傍晚再爬到上部枝叶上取食。老熟幼虫在枝叶间结茧化蛹或成群到树下土缝中、落叶以及表土下结茧化蛹。入土化蛹的，其深度一般为1.5~6.0mm，茧常数个或数十个聚集在一起。

幼虫取食枫香羽化的成虫

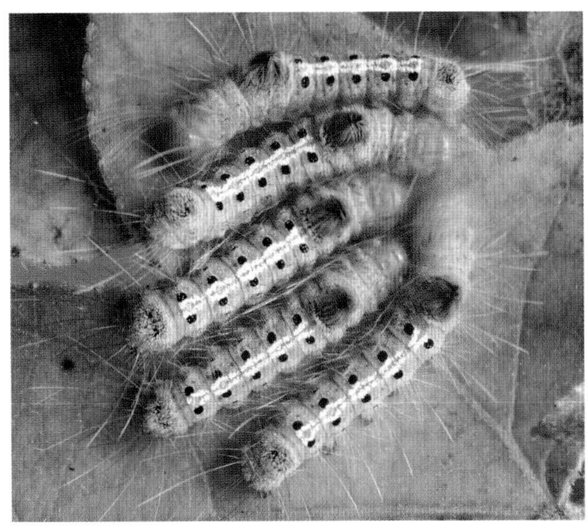
枫香叶片上群聚的幼虫

枫香叶片上群聚的幼虫

刚蜕皮的幼虫侧面（寄主枫香）

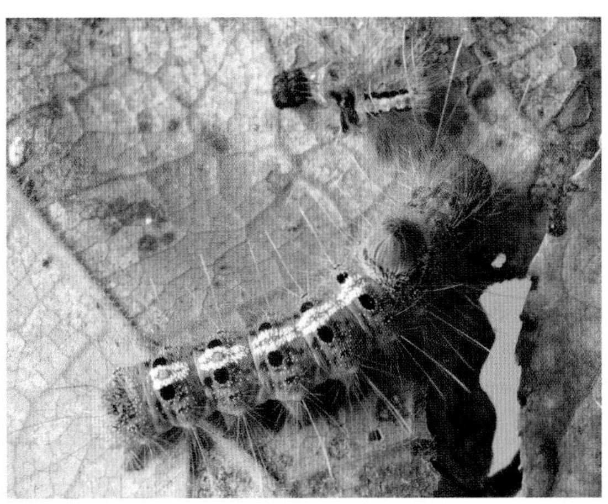
刚蜕皮的幼虫背面（寄主枫香）

幼虫取食油茶羽化的成虫

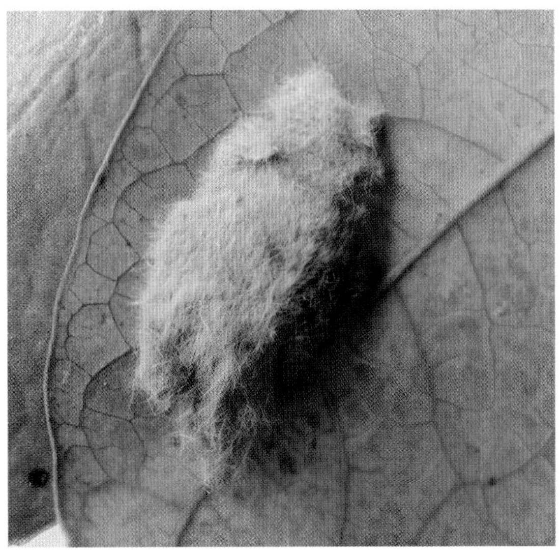
产于乌桕叶背面的卵块

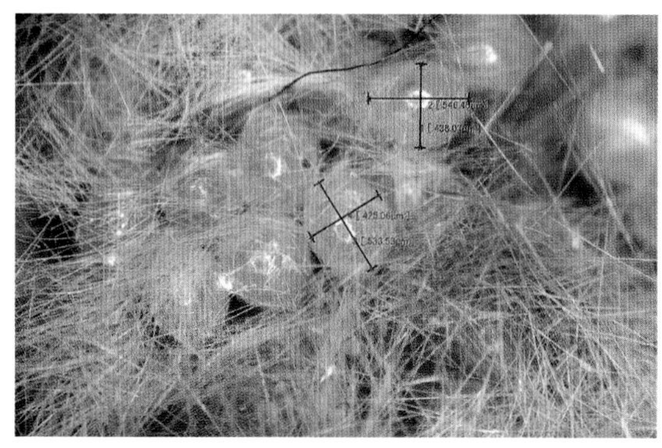

卵

1龄幼虫

4~5龄幼虫（寄主油茶）

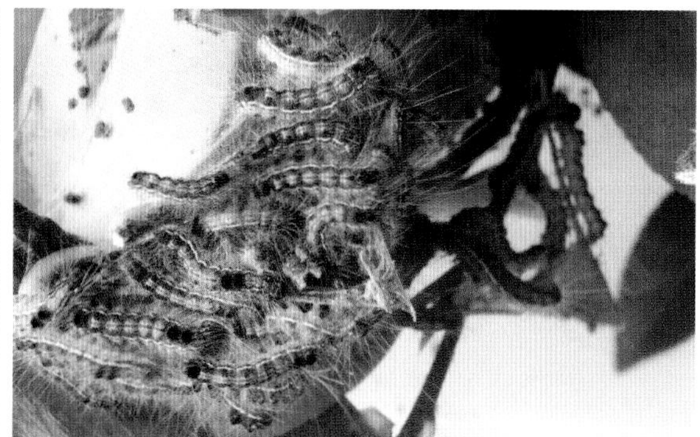

6~7龄幼虫（寄主油茶）

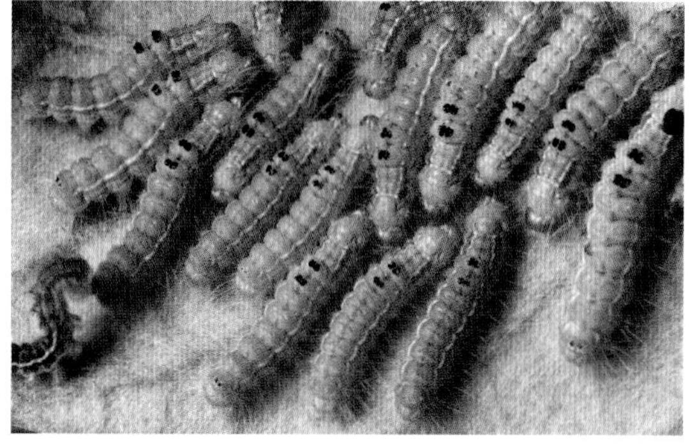

取食枇杷的幼虫

幼虫被茧蜂寄生

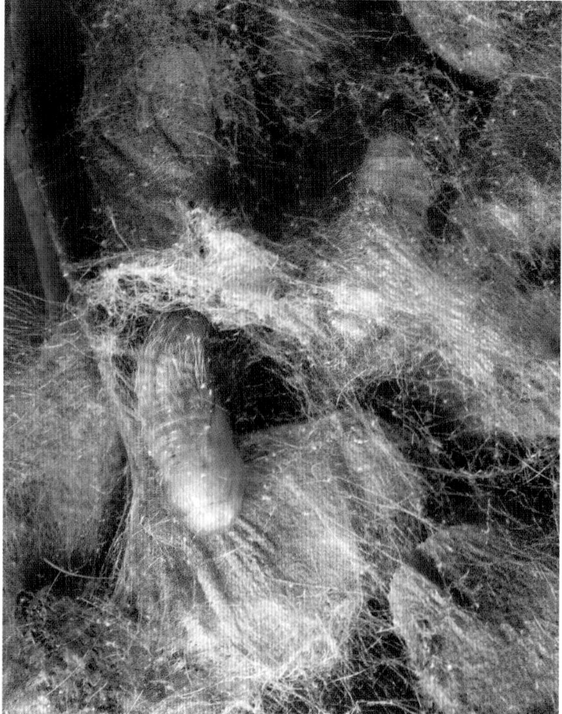

蛹与茧

036 栎毒蛾
Lymantria mathura Moore

中文别名　苹叶波纹毒蛾、栎舞毒蛾、苹果大毒蛾

分类地位　鳞翅目 Lepidoptera
毒蛾科 Lymantriidae

分　　布　福建（福州、尤溪）、河北、山西、辽宁、吉林、黑龙江、山东、江苏、浙江、河南、湖北、湖南、广东、四川、云南、陕西；朝鲜，日本，印度（武春生和方承莱，2010）。

寄主植物　枫香、栎、柞树、黑桦、栗、李、杏、苹果、梨、榉、泡桐、杨、柳等。

危害特点　幼虫取食叶片、嫩芽，严重时可将整株树叶吃光。

形态特征

成虫　雌蛾翅展65~80mm；头胸白色，触角栉齿状，中胸两斑及腹部红色，腹背有1列纵黑斑，腹端白色，足黑及红色；前翅白色，有红、黑基斑，外缘有1列黑圆斑纹，前缘及缘毛红色；后翅浅粉红色，前半微暗，横脉纹灰褐色，外缘斑列黑圆形，亚端斑弯月形。雄蛾翅展40~55mm；头部黑褐色，胸部和足浅橙黄色带黑褐色斑；腹部暗橙黄色，中央有1列纵黑斑；肛毛簇黄白色；前翅底色白，有黑褐纹，亚端部弯月形，花纹特别显著，中室中央有1个暗色小圆斑，其周围淡白色；后翅暗褐色，横脉纹及弯月形所组成的亚端带灰黑色。

卵　灰白色，球形，平均直径0.9mm，卵壳表面光滑。

幼虫　初孵幼虫呈黑色，体表布满长毛，

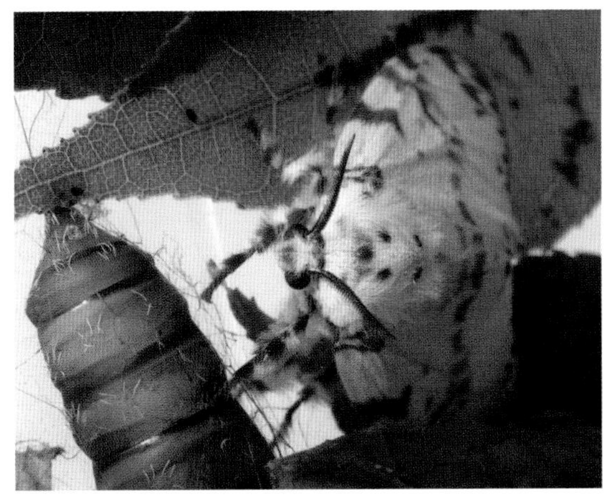
初羽化出的雌蛾

雌蛾

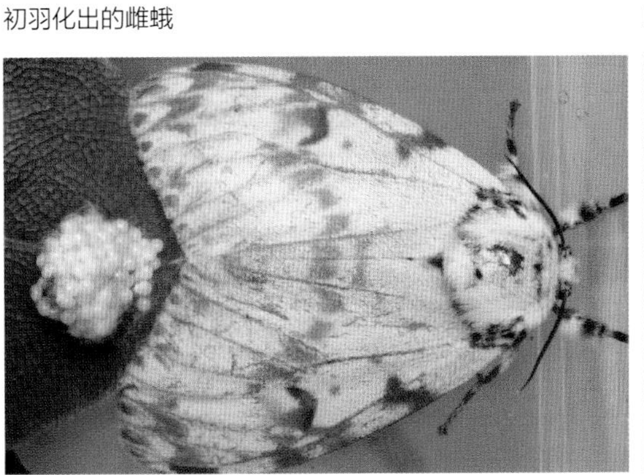
产卵中的雌蛾

雄蛾

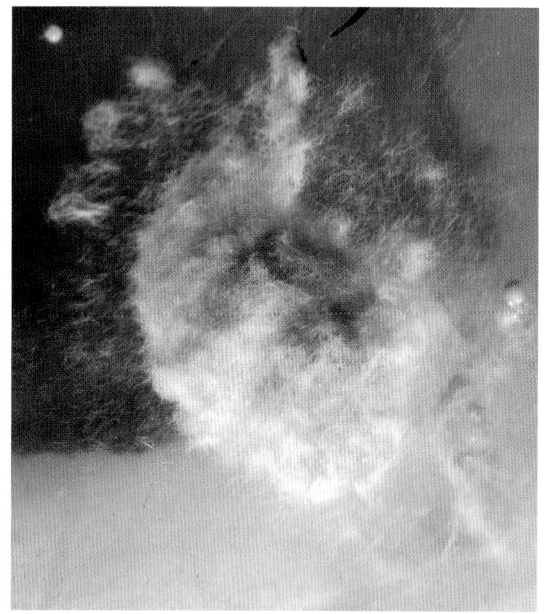
卵块（外被灰白色鳞毛）

卵

体长3~5mm。老熟幼虫体长50~55mm，头宽约6mm。头部茶褐色，散生黑褐色斑。虫体黑褐色，体表具散生白色小细点。前胸背面两侧各有1个黑色大瘤，上生黑褐色且向外突出的长毛束。其余各节上的瘤黄褐色，上生黑褐色和灰褐色毛丛，腹部末端的毛束最长。体腹面黄褐色。翻缩腺红色。

蛹 体长22~28mm，初为黄色，渐变黄褐色，羽化前为黑褐色。头部有1对黑色短毛束，腹部背面有短毛束。

生物学特性

在东北、山东等地一年1代（高玉梅等，2011；李文龙，2010；张家利等，1998；郝为全等，1992），以完成胚胎发育的幼虫在卵壳内越冬，翌年4~5月孵化，5月中下旬为孵化盛期，6月中旬至7月中旬为幼虫危害盛期，7月中旬至8月上旬化蛹，7月下旬为化蛹盛期，蛹期11~15天。7~8月成虫羽化。在福建尤溪，5月中旬采集的幼虫，5月下旬化蛹，蛹期10~13天，6月上旬羽化；在福建省福州市，7月上旬采集的幼虫，7月下旬开始化蛹，蛹期9~13天，8月上中旬成虫羽化。

成虫多在白天羽化。羽化后的成虫即可交尾产卵。产卵于树干或大枝上，外被灰白色鳞毛，卵块顺着树皮缝隙呈纵向不规则排列。1个卵块有卵50~450粒，最多达859粒。产卵一般在阳坡中上部林中的树干基部阳面。在林分稀疏、阳光充足之处，幼虫孵化速度比较整齐，同一卵块不同卵一般在3~5天内孵化完毕；阳光不足时其孵化期则相对长些。幼虫通常在上午孵化出壳，大多数幼虫在一周左右孵出。初孵幼虫群集于卵壳及其附近，取食卵壳，2~3天后陆续离开卵块。初龄幼虫沿树干向上呈长条形排列，纵队式向上爬到枝、梢部，再向下取食叶片。幼虫具吐丝下垂习性，下垂的幼虫呈弓形。幼虫4~6龄，进入老熟后2天左右不再取食，寻找树叶密集的叶片背面或寄主植物附近的杂草灌木丛间吐丝连结相邻叶片，作网状薄茧化蛹，以丝束将蛹尾固定。

核多角体病毒对栎毒蛾种群发展有较强的控制作用，特别是在栎毒蛾猖獗发生的后期，即幼虫4~5龄时最为明显。一般在7月持续高温高湿条件下，该病毒蔓延极其迅速，成为栎毒蛾在猖獗危害期种群密度急剧下降的主要原因。

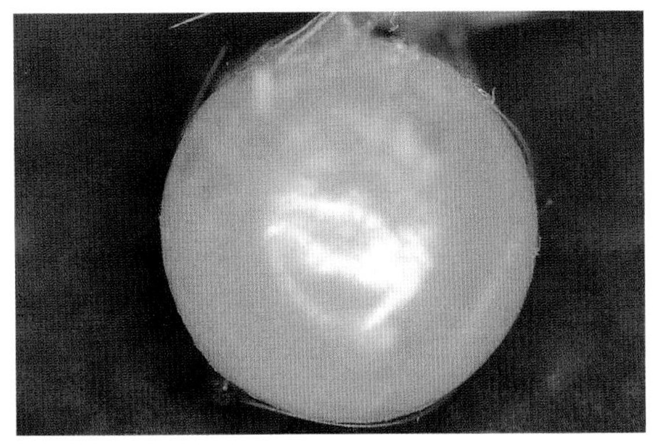
卵

雌幼虫

雄幼虫

雄幼虫头部

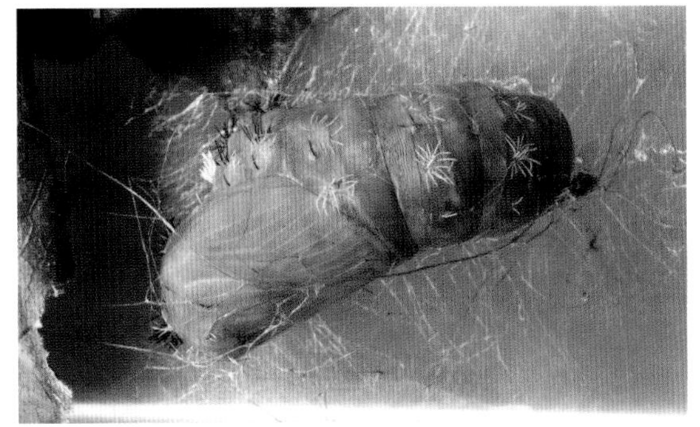
雌蛹侧面

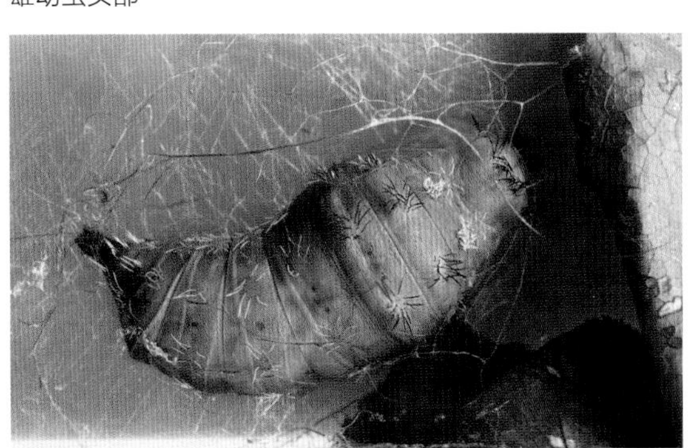
雌蛹背面

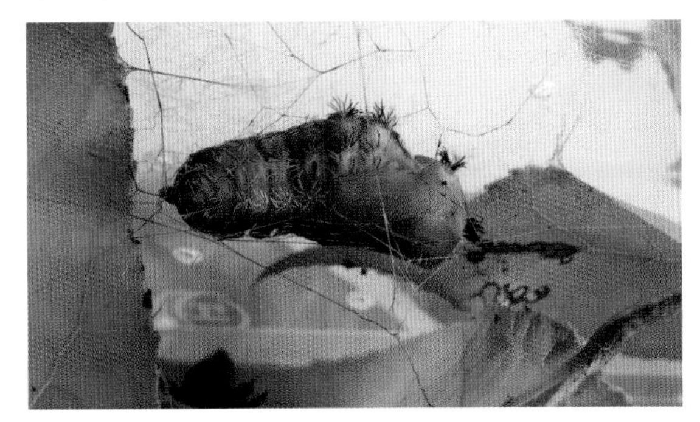
雄蛹侧面

037 枫毒蛾

Lymantria umbrifera Wileman

分类地位 鳞翅目 Lepidoptera

毒蛾科 Lymantriidae

分　　布 福建（晋安、武夷山、光泽、邵武、建阳、上杭、连城）、江苏、浙江、江西、湖北、湖南、台湾（陈一心等，2001）。

寄主植物 枫香。

危害特点 幼虫取食叶片，大发生时叶片被取食殆尽，严重影响树木生长。该虫2011年5~6月曾在南京紫金山大面积发生，受害面积达256hm^2（刘江伟等，2014）。

形态特征

成虫 雌蛾翅展38~45mm，雄蛾翅展31~39mm。头、胸部灰褐色，腹部棕白色，微带粉红色；头部与胸部间粉红色。前翅白色布黑褐色鳞片；内、外线间黑褐色鳞浓密；基线暗褐色，微波浪形，止于中室后缘；内线暗褐色，波浪形；横脉纹两侧衬黑色；沿中室后缘顶端暗褐色；外线和亚端线暗褐色，锯齿形，相平行，亚端线在臀角处色较浓；端线由1列暗褐点组成；缘毛灰褐色，脉间有暗褐色点。后翅灰褐色微带黄棕色，基半部黄棕色。

卵 扁圆形，棕黄色，较坚硬，直径1.0~1.2mm，高0.8~0.9mm。

幼虫 老熟幼虫体长45~50mm，头部棕黄色，有棕褐色点；体棕黑色至棕灰色（总体上低龄幼虫体色偏深偏黑，大龄幼虫体色偏浅偏白），有黑褐色网状纹；前胸背面两侧各有1个棕褐色大瘤，上有棕黑色和黄白色长毛；中胸背面前缘呈棕黄色，后胸背面有1个浅色的大斑。第1~8腹节背面有黄黑色或蓝紫色大瘤；第5腹节

雄蛾背面

背面有1个菱形的浅色大斑，翻缩腺紫红色，第8、9腹节有长的黑色刚毛。

蛹 纺锤形，头部较钝，尾部较尖，长17~36mm，棕褐色，头部、背部和腹部两侧有黄色短毛丛；臀棘棕褐色，末端有小钩。

生物学特性

枫毒蛾在南京一年3代（刘江伟等，2014）。以卵在树皮缝隙中越冬，翌年4月下旬幼虫孵化，主要危害时间在5月中下旬，5月下旬至6月上旬为化蛹盛期，预蛹期2~3天，蛹期5~13天，6月中旬为羽化盛期。第2代幼虫出现在7月上旬至8月上旬，成虫高峰期为7月下旬至8月上旬。第3代幼虫8月中下旬陆续出现，成虫高峰期为9月中下旬。

2016年5月11日在福建省林业科学研究院（福州市晋安区）枫香树叶上采集的蛹，5月18日羽化；2017年8月下旬采集的幼虫，9月下旬羽化为成虫；2017年9月中旬在武夷山采集的幼虫，10月中旬羽化为成虫。以此推算，枫毒蛾在福建一年4~5代。

成虫一般在白天羽化，趋光性较强，羽化后当天即可交配，雌蛾交尾数小时后即可产卵，成虫寿命3~7天。卵产于树干分叉处或树皮裂缝中，多堆成块状。卵孵化时间在11：00~16：00，越冬代的卵期较长，第2~3代卵期14~21天。幼虫无群集性，孵出后数小时内分散开，通常6龄，活泼喜光，善爬行。1~2龄多在叶背取食，3龄后从叶缘取食，4龄后食量较大，可食尽全叶。当枫毒蛾数量较多时，枫香树的顶端或向阳面首先出现被害状。危害较重的区域一般是路两侧和树木比较稀疏及树较高、阳光充足、透风处。老熟幼虫常沿树干爬至树干基部枫香树叶或其周围的草丛与灌木上化蛹，不结茧，仅吐少量白丝把虫体网于树叶或小枝上，以丝束将蛹尾固定。预蛹期2~3天，蛹期5~13天。

雄蛾腹面

自然停息雄蛾背面

自然停息雄蛾腹面

自然停息雌蛾背面

自然停息雌蛾头部

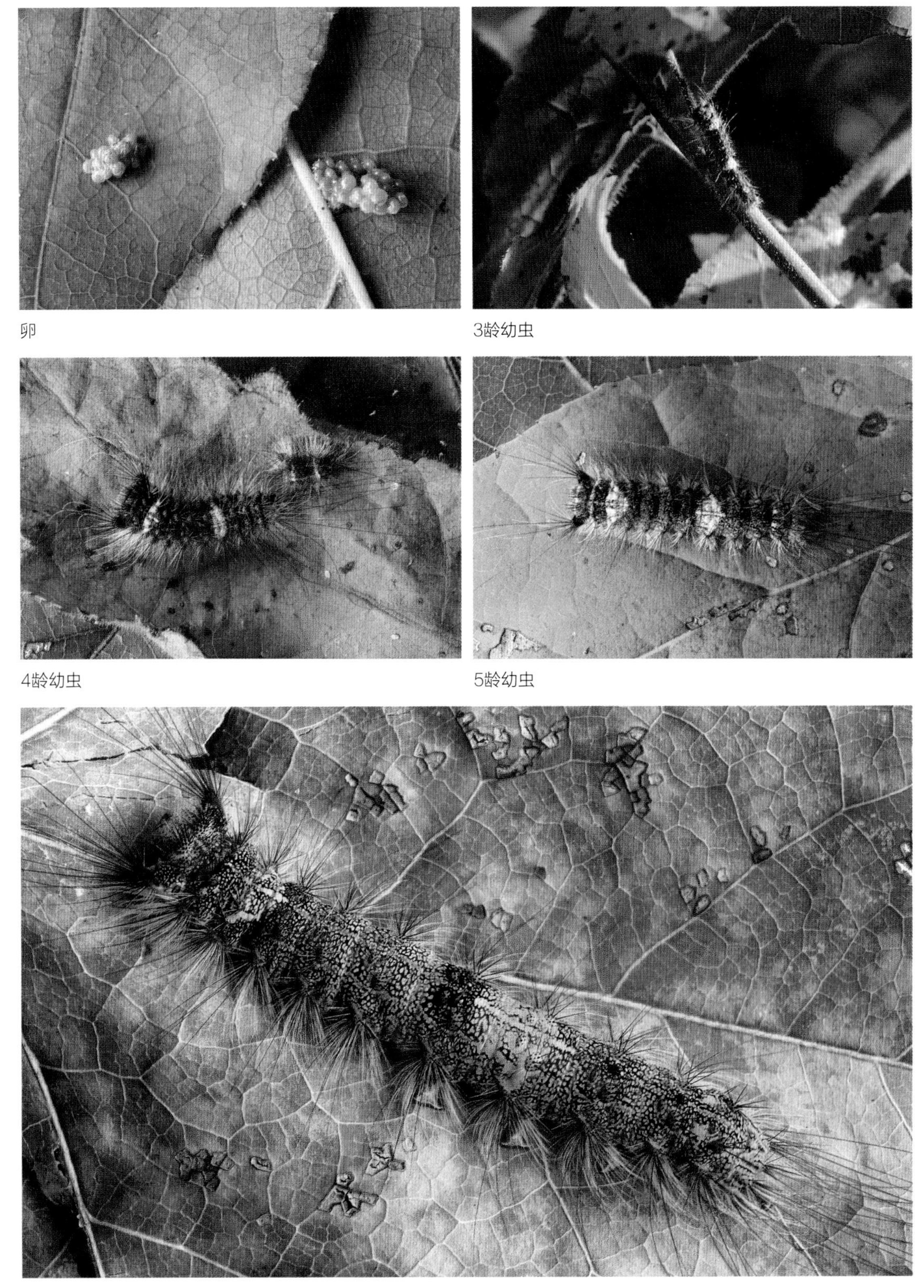

卵

3龄幼虫

4龄幼虫

5龄幼虫

6龄（老熟）幼虫

雄蛹背面

雄蛹侧面

雌蛹背面

雌蛹侧面

雌蛹腹面

雌蛹壳

038 黑褐盗毒蛾
Porthesia atereta Collenette

分类地位　鳞翅目 Lepidoptera

毒蛾科 Lymantriidae

分　　布　福建（全省）、山东、安徽、浙江、江西、河南、湖北、湖南、广东、广西、四川、云南、贵州、西藏（陈一心等，2001）；朝鲜，日本，俄罗斯和其他欧洲国家。

寄主植物　枫香、油茶、茶、羊蹄甲（何学友，2016）。

危害特点　幼虫取食寄主植物叶片、果皮、花瓣，严重时将老嫩叶片全部食光，影响生长和产量。

形态特征

成虫　雌蛾体长7~9mm，翅展21~23mm；雄蛾体长6~7mm，翅展19~22mm。头部和颈板橙黄色。胸部黄棕色，胸部腹面前半带橙黄色。腹部暗褐色，腹部基部黄棕色。触角浅黄色，栉齿黄褐色。足黄褐色带浅黄色。前翅棕色散布黑色鳞，外缘有3个浅黄色斑；后翅黑褐色，外缘和缘毛浅黄色。

卵　球形，灰白色，直径约0.8~1.0mm。

幼虫　老熟幼虫体长17~25mm，头部棕褐色，有光泽；体黑褐色；胸背面棕褐色，前胸背面具3条浅黄色线，中胸背面中部橙黄色，后胸背面中央橙红色。背线橙红色，亚背线较宽，橙黄色，在第1、2腹节和第8腹节中断。前胸背面两侧各有1个向前突出的红色瘤，瘤上有黑褐色长毛和黄白色短毛；其余各节背瘤黑色，上有1个至数个小白斑，生黑褐色稀疏短毛或长毛；气门下各节瘤橙红色，上生黑褐色长毛间杂白色短毛。腹部第1、2节背面各有1 对较大黑色瘤，上生黑褐色长毛和棕黄色短毛，第9腹节瘤橙色，上生黑褐色长毛。

蛹　长圆筒形，黄褐色，被黄褐色茸毛。

茧　椭圆形，淡褐色至灰黑色，雌茧长16~19mm，宽6~9mm；雄茧长9~11mm，宽4~6mm；茧外附少量黑色长毛。

生物学特性

该虫在福建一年3代，幼虫全年可见；7~9月蛹期7~9天，雌蛾寿命7~9天，雄蛾寿命6~8天。越冬代幼虫11月上中旬开始结茧越冬，翌年4月中旬成虫羽化。

幼虫取食寄主植物叶片，也可取食花瓣、果皮。5龄幼虫取食8~10天后，将3~4片叶子缀连或在叶与小枝间作薄茧化蛹。成虫多在晚上羽化，羽化交配后1~2天即可产卵，卵多产于叶背面排列成不整齐的卵块，上附有少量毒毛。未经交配的雌蛾也可产卵，但不孵化。

成虫（幼虫取食枫香）

成虫（幼虫取食油茶）

卵

幼虫（取食枫香）

幼虫（取食油茶）

蛹腹面（油茶树上）

蛹背面（油茶树上）

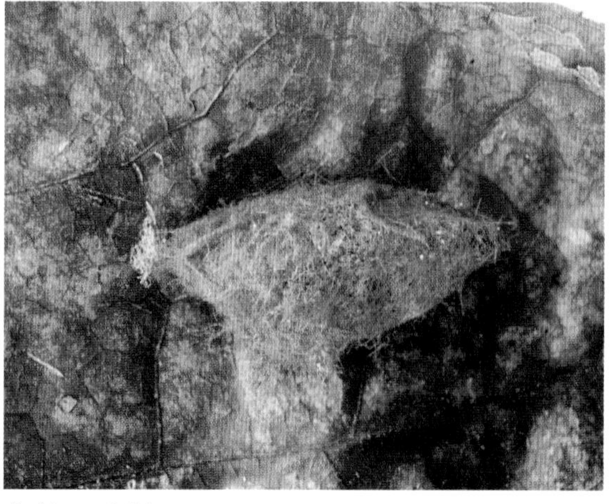
茧（枫香叶片）

039 绿点足毒蛾
Redoa verdura Chao

分类地位　鳞翅目 Lepidoptera
毒蛾科 Lymantriidae

分　　布　福建（晋安、建瓯）、四川（峨眉山）（赵仲苓，2003）。

寄主植物　枫香。

危害特点　幼虫取食叶片。

形态特征

成虫　雌蛾体长12~16mm，翅展31~38mm。雄蛾体长10~15mm，翅展25~34mm。体青白色，触角干白色。雄性触角内侧稀布褐黑色鳞片，栉齿浅棕黄色；下唇须白色，其顶端黑色；头部白色，额部具2个黑褐色点，两触角间具1条褐黑色纹，触角基部内侧和复眼下面褐黑色；胸部和腹部白色，足白色，前足和中足腿节末端、胫节中央、跗节基部和末端各具1个褐黑色点，后足跗节基部和末端各具1个褐黑色点。前翅和后翅白色，半透明，翅脉浅绿色；缘毛浅棕色，具光泽；前翅沿翅前缘具1条黄色边；中室末端具1个褐黑色点。

本种与齿点足毒蛾*R. dentata* Chao相似，不同在于本种的雄性外生殖器端部分叉，抱器腹突细长，末端达瓣的顶部，其背缘端部具小齿；而齿点足毒蛾抱器瓣不分叉，抱器腹突呈刀形，背缘具大齿（赵仲苓，2003）。

卵　纽扣形，上部中间凹陷，下部平整；黄白色，直径0.3~0.4mm，高0.7~0.8mm。

幼虫　体黄白至青白色。老熟幼虫体长约21mm，宽约4mm，体各节生有长短不一的白色刚毛。胸部两侧各有1~3对毛瘤，上生黑色长刚毛；前胸背面有1对黑斑。前胸、第4腹节、第8腹节背面各有1丛黄棕色毛，但第8腹节的毛丛较小。腹部亚背线酒红色，上有围以黑色的乳白色小圆斑2~3个；第8~9腹节背面杂有黑色长刚毛。第6、7节翻缩腺乳白色。

蛹　长约13mm，宽约5mm，锥形。初蛹草绿色，后翠绿色，近羽化时灰白色。眼点、气门黑色，臀棘黑褐色。

生物学特性

2016年8月24日在福建省林业科学研究院（福州市晋安区新店镇）枫香树叶上采集的幼虫，8月28日老熟幼虫在叶背吐少量丝固定，头朝下倒悬化蛹，蛹体完全裸露，羽化前蛹颜色变暗。9月1日羽化为成虫，2~3日产卵39粒，5日成虫死亡。

雌蛾

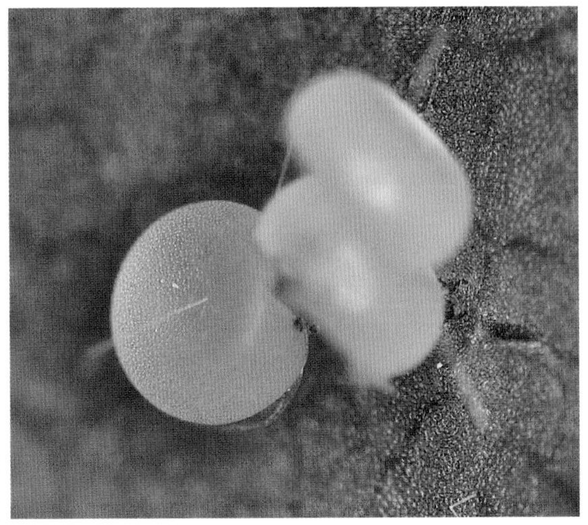
卵

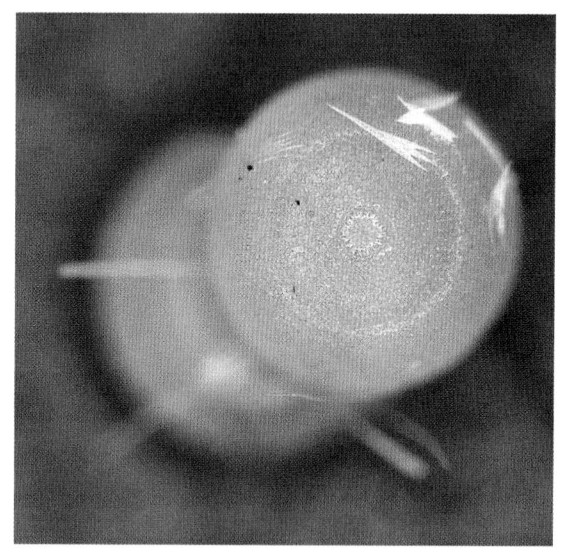
卵正面

雌幼虫侧面观

雌幼虫背面观

雌蛹背面

雌蛹侧面

雌蛹腹面

毒蛾防治方法

1. 营林措施

封山育林，营造混交林，抚育采伐时，不应使林冠过于稀疏；垦覆除草，消灭地面虫蛹。

2. 人工防治

人工摘除卵块和茧蛹。如栎毒蛾卵期长，产卵场所比较专一，在卵期内可采用人工刮除树干基部的卵块。将卵块放入尼龙纱网等卵寄生蜂保护器中，以利卵寄生蜂等天敌飞出。将茧蛹放入孔眼比毒蛾小的铁丝笼或尼龙笼内，以利天敌羽化后穿孔飞出，而未被寄生的毒蛾则被囚困而死。低龄幼虫群聚取食叶片呈枯黄半透明状，很容易识别，摘除其聚集的叶片杀死幼虫。秋末到翌年春初，人工清除越冬场所的越冬茧。线茸毒蛾第1、2代幼虫吐丝缀叶或结茧化蛹期，摘除低矮小树、枝条上的虫茧。在越冬代幼虫下树结茧时，用稻草等捆绑在被害树干上或树旁堆放草堆诱其结茧，然后集中销毁。

3. 生物防治

在3~6月低龄幼虫期，用含孢量1亿孢子/mL的球孢白僵菌孢悬液喷雾或每亩用含孢量100亿/g的白僵菌粉炮4个（125g/个）进行防治。也可在低龄幼虫期喷洒苏云金杆菌制剂300~500倍液或核型多角体病毒。保护利用好黑卵蜂、绒茧蜂、寄生蝇、蜘蛛、病毒等毒蛾天敌。

4. 物理防治

在成虫羽化高峰期采用灯光或性诱方法诱杀，对抑制发生和测报均具较大作用。性诱方法：在林间每隔40~60m放置一盆加有洗衣粉的水，用尼龙纱网袋（8cm × 8cm × 8cm）装2只未经交尾的雌蛾，悬挂在离盆内水面约3cm高处。隔1~2天更换1次雌蛾，以确保雌蛾的性诱能力。

5. 药剂防治

如虫口密度大爆发成灾时，在幼虫低、中龄期进行药剂防治（药剂种类参考附表2）。若是较高大的枫香树，可用烟雾机进行防治，烟剂为柴油与溴氰菊酯乳油混合，对比浓度为2.0%；或喷施1.2%苦参碱乳油烟剂1kg/hm^2防治。虫龄越低，防治效果越好。在树干上环涂触杀性强的化学农药，也可达到防治目的。

一种取食枫香叶片的毒蛾幼虫

第二章
等翅目 Isoptera

040 黄翅大白蚁
Macrotermes barneyi Light

分类地位 等翅目 Isoptera
白蚁科 Termitidae

分　　布 黄翅大白蚁是大白蚁属中的广布种，分布在安徽及以南各省，在西南、华南、华中、华东的大部分省区危害。

寄主植物 枫香、樟、桉树、油茶、杉木、松、水杉、油桐、合欢、刺槐、银杏、檫木、紫薇、女贞、杨梅、垂柳、泡桐、板栗、核桃、二球悬铃木等多种林木，还危害甘蔗、高粱、玉米、花生、大豆、红薯、木薯等农作物（吴德龙等，1999；卢川川，1992）。也能在水库堤坝内筑巢危害。

危害特点 危害枫香等林木的白蚁，各地不尽相同。在福建，黄翅大白蚁和黑翅土白蚁是农林作物上的优势种，它们在数量多、分布广和危害重等方面都是其他白蚁不能比拟的（陈鎛尧等，2009；柯云玲等，2008；王穿才，2008；徐志德等，2007；范国成和李本金，1996；卢川川，1992）。取食树皮、韧皮部、边材部。多从伤口处危害，蛀口粗糙，带有粒，常引起材质降低；危害幼苗严重时可造成死亡。对林木的危害有一定的选择性，一般含纤维质丰富、糖分和淀粉多的植物危害严重，对含脂肪多的植物危害较轻。

形态特征

黄翅大白蚁群体中以原始型蚁王、蚁后产卵繁殖，不产生补充性生殖蚁。兵蚁、工蚁均分2种：大兵蚁、小兵蚁，大工蚁、小工蚁。

有翅成虫 体长14~16mm，翅长24~26mm。体背面栗褐色，足棕黄色，翅黄色。头宽卵形。复眼及单眼椭圆形，复眼黑褐色，单眼棕黄色。触角19节，第3节微长于第2节。前胸背板前宽后窄，前后缘中央内凹，背板中央有1个淡色的“十”字形纹，其两侧前方有1个圆形淡色斑，后方中央也有1个圆形淡色斑。

大兵蚁 体长10.6~11.0mm，头深黄色，上颚黑色。头及胸背有少数直立的毛，腹部背面毛少，腹部腹面毛较多。头大，背面观长方形，略短于体长的1/2。上颚粗壮，左上颚中点之后有数个不明的浅缺刻及1个较深的缺刻，右上颚无齿。上唇舌形，先端白色透明。触角17节，第3节长于或等于第2节。前胸背板略狭于头，呈倒梯形，四角圆弧形，前后缘中间内凹。中后胸背板呈梯形，中胸背板后侧角成明显的锐角，后胸背板较短，但比中胸背板宽。腹末毛较密。

小兵蚁 体长6.8~7.0mm，体色较淡。头卵形，侧缘较大兵蚁更弯曲，后侧角圆形。上颚与头的比例大于大兵蚁，其上颚较细长且直。触角17节，第2节长于或等于第3节。

大工蚁 体长6.2~6.4mm。头棕黄色，胸腹部浅棕黄色。头圆形，颜面与体纵轴近似垂直。触角17节，第2~4节大致相等。前胸背板约相当于头宽的一半，前缘翘起，中胸背板较前胸略小。腹部膨大如橄榄形。

小工蚁 体长4.2~4.4mm，体色比大工蚁浅，其余形态基本同大工蚁。

卵 乳白色，长椭圆形。长径0.60~0.62mm，一面较平直。短径0.40~0.42mm。

生物学特性

黄翅大白蚁营群体生活，整个群体包括许多个体，其数量多少随巢龄的大小而不同。一般一个巢内有20万~40万头，未超过60万头（陈镈尧，1994）。

白蚁群体内可划分为生殖型和非生殖型两大类，每个类型之下又可分为若干个品级。生殖类型即有翅成虫，在羽化前为有翅芽的若虫，分飞后发展为原始型蚁后和蚁王。在黄翅大白蚁巢体中未发现有补充型繁殖蚁，但在巢中有时能发现未经分飞的有翅繁殖蚁可以直接脱翅交配产卵，在一定程度上也起补充繁殖的作用。非生殖类型主要有工蚁和兵蚁，它们都有性的区别，但性器官发育不完全，无生殖能力。在工蚁中有大、小工蚁之分。工蚁在群体中数量最多，担任群体内的一切事务，如筑巢、修路、运卵、培育菌圃、吸水、清洁、喂养蚁后和蚁王以及抚育幼蚁等工作。兵蚁的主要职能是警卫和战斗，因此上颚特别发达，但无取食能力，需工蚁喂食。在群体中兵蚁分大、小2种，大兵蚁主要集中在蚁巢附近。

黄翅大白蚁的分飞时间因地区和气候条件不同而异。据观察，在江西、湖南分飞在5月中旬至6月中旬；广州地区3月初蚁巢内出现有翅繁殖蚁，多在5月分飞（卢川川，1992）。在一天中，江西地区黄翅大白蚁多在23：00~2：00分飞，广州地区多在4：00~5：00。分飞前由工蚁在主巢附近的地面筑成分飞孔。分飞孔在地面较明显，呈肾形凹入地面，深1~4cm，长1~4cm。孔四周撒布有许多泥粒。一巢白蚁有分飞孔几个到100多个。分飞可分多次进行，一般5~10次。每年分飞出的有翅繁殖蚁数量随巢群的大小而异，大的巢群可飞出2000~9000头成虫。黄翅大白蚁的分飞，一个巢群有的间隔一两年才分飞1次，有的可连续数年，每年均分飞。

有翅成虫分飞后，雌雄脱翅配对，然后寻找适宜的地方入土营巢。营巢后约6天开始产卵，第一批卵30~40粒，以后每天产4~6粒。卵期约40天。据成年巢观测由幼蚁发育成工蚁需要3个虫龄，历期达4个多月；发育为兵蚁要经过5个虫龄；发育为有翅成虫要经过7个虫龄，历期7~8个月。初建群体的入土深度，在头100天内为15~30cm。巢体只有1个平底上拱的小空腔。初建群体发展很慢，从分飞、建巢，到当年年底，巢内只有几十头工蚁和少数兵蚁。以后随着时间的推移和群体的扩大，巢穴逐步迁入深处。巢入土深可达0.8~2.0m，一般到第4年或第5年才定巢在适宜的环境和深度，不再迁移。在巢内出现有翅繁殖蚁分飞时，此巢即称成年巢。

黄翅大白蚁有“王宫”菌圃的主巢直径可达1m。主巢中有许多泥骨架，骨架上下左右都被菌圃所包围。“王宫”一般靠近中央部分，主巢旁或附近空腔常贮藏着工蚁采回的树皮和草屑碎片等。“王宫”中一般只有一王一后，偶尔也有一王二后或三后的现象。主巢外有少数卫星菌圃。黄翅大白蚁的巢群上能长出鸡枞菌，一般菌圃离地面距离45~60cm。

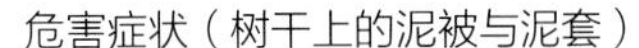

危害症状（树干上的泥被与泥套）

受白蚁危害的枫香树干

黄翅大白蚁菌圃

黄翅大白蚁蚁后与蚁王

黄翅大白蚁主巢

黄翅大白蚁蚁巢

黄翅大白蚁副巢

黄翅大白蚁副巢与蚁道

041 黑翅土白蚁
Odontotermes formosanus（Shiraki）

中文别名　黑翅大白蚁，台湾黑翅蠹

分类地位　等翅目 Isoptera
白蚁科 Termitidae

分　　布　西自西藏、云南、贵州、四川，东至东部沿海、台湾，北自陕西、河南、安徽，南至广西、广东、海南（卢川川和沈集增，1992）。

寄主植物　枫香、桉树、油茶、松、杉木、木麻黄、柳、桧柏、樟、茶、板栗、荔枝、橄榄、枇杷、桂花、桃、广玉兰、红叶李、月季、栀子、海棠、蔷薇、蜡梅、花生、烟草等众多林、果、花卉植物（陈鐏尧等，2009）。

危害特点　黑翅土白蚁是一种土栖性害虫。主要以工蚁危害树皮、浅木质层以及根部，造成被害树长势衰退。当侵入木质部后，则树干枯萎；尤其对幼苗，极易造成死亡（范国成和李本金，1996）。采食危害时做泥被和泥线，严重时泥被环绕整个树干周围而形成泥套，其特征很明显。

形态特征

多型性社会昆虫，分有翅型的雌、雄繁殖蚁（蚁王、蚁后）和无翅型的非生殖蚁（兵蚁、工蚁）等。

有翅繁殖蚁　体长12~16mm，呈棕褐色；翅展23~25mm，黑褐色；触角11节；前胸背板后缘中央向前凹入，中央有一淡色“十”字形黄色斑，两侧各有1个圆形或椭圆形淡色点，其后有1个小而带分支的淡色点。

蚁王　由雄性有翅繁殖蚁发育而成，体壁较硬，体略有皱缩。

蚁后　由雌性有翅繁殖蚁发育而成，蚁后的腹部随时间的增长而逐渐膨大，最后体长可达70~80mm，体宽13~15mm。色较深，体壁较硬，腹部特别大，白色腹部上呈现褐色斑块。

兵蚁　共5龄，末龄兵蚁体长5~6mm；头部深黄色，胸、腹部淡黄色至灰白色，头部发达，背面呈卵形，长大于宽；复眼退化，触角16~17节；上颚镰刀形，在上颚中部前方，有1根明显的刺。前胸背板元宝状，前窄后宽，前部斜翘起。前、后缘中央皆有凹刻。兵蚁有雌雄之别，但无生殖能力。左上颚内缘有1个显著的齿，齿尖向前，右上颚相应亦有一齿，甚小。

工蚁　共5龄，末龄工蚁体长4~6mm。头部黄色，近圆形，触角17节。胸、腹部灰白色；头顶中央有一圆形下凹囟；后唇基显著隆起，中央有缝，足乳白色。

卵　长椭圆形，长约0.8mm。乳白色，一端较为平直。

生物学特性

黑翅土白蚁的有翅成蚁一般叫作繁殖蚁，每年3月开始出现在巢内，4~6月在靠近蚁巢地面出现分群孔，分群孔突圆锥状，数量不等，少的只有几个，多的达上百个（徐志德等，2007；卢川川和沈集增，1992）。在气温达22℃以上、空气相对湿度达95%以上的闷热天气或雨前傍晚，出孔成群婚飞，停下后即脱翅求偶，成对钻入地下建筑新巢，成为新的蚁王、蚁后，并产卵繁殖后代，育出各种类型白蚁个体。蚁巢位于地下0.3~2.0m处，新巢仅是1个小腔，3个月后出现菌圃——草裥菌体组织，状如面包。在新巢的成长过程中，不断发生结构和位置上的变化，蚁巢腔室由小到大，由少到多。巢群蚁数可达几十万头，甚至上百万头。无翅蚁有避光性，而有翅蚁有趋光性。

繁殖蚁从幼蚁初具翅芽至羽化共7龄。兵蚁专门保卫蚁巢。工蚁数量最多，担负筑巢、采食和抚育幼蚁等工作；工蚁采食时，在树干上做成泥线、泥被或泥套，隐藏其内采食树皮及木纤维；当日平均气温达12℃时，工蚁开始离巢采食，平均气温20℃左右时，工蚁采食达到高峰，故在整个出土取食期中，4~5月和9~10月为全年两次外出采食高峰；11月底后工蚁停止外出采食，回巢越冬。

主巢上的黑翅土白蚁蚁后

王台上的黑翅土白蚁蚁后

王台上的黑翅土白蚁蚁后与副巢

黑翅土白蚁主巢穴与副巢

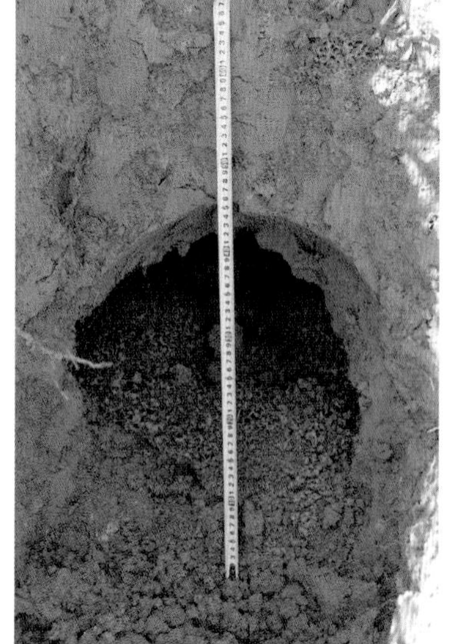

蚁穴中的黑翅土白蚁主巢

黑翅土白蚁主巢

白蚁防治方法

1. 加强管理

通过加强营林措施，使林木长势健壮，增强抵抗力。

2. 诱杀法

（1）挖坑诱杀　在新设圃地、荒山、次生林地造林前清除杂木、荒草，每公顷挖约150个，长宽各约60cm，深约40cm的诱集坑，坑内横竖堆置多层劈开的樟、桉树、松柴、甘蔗渣、芒萁骨或树皮等，放些鸡鸭毛，淋些淘米水或15%~25%红糖水，坑盖用草袋、芦席盖紧，上面覆土成堆，便于沥水。在白蚁活动危害季节，隔10~15天，轻揭坑顶，发现白蚁在活动取食时，轻轻喷施40%氯吡硫磷乳油（毒死蜱）300~500倍液、0.1%氟铃脲（六福隆）、2.5%氟虫腈灭蚁灵粉剂，让较多的白蚁带少量药粉回巢，由于相互舐理和交哺行为，使整巢白蚁死亡，此法可用于控制圃地和造林地白蚁危害。

（2）林地直接诱杀法　在大面积的用材林、经济林、风景林内，于气温25~27℃白蚁活动频繁的春秋季，每公顷林地设置150~300个诱集堆，由枯枝落叶和鲜草皮堆成，堆中放诱饵剂以及绿僵菌、白僵菌，表面用5~10cm表土盖严，堆上适当淋些水，半月后诱来白蚁取食，白蚁取食枯枝、杂草的同时，也将诱饵剂吃下，同时携带绿僵菌、白僵菌回巢，互相传递，整巢白蚁死亡。

3. 人工挖巢

根据土栖白蚁蚁巢在地表的外露迹象——蚁路、泥被、树上泥套的分布状况，地表4~6月出现的分群孔，6~8月高温多雨季节出现的草裥菌（鸡枞菌、三踏菌），结合地形起伏，判断蚁巢位置，人工开挖，找出蚁道，用竹篾、枝条插入“引路”，根据枝条上兵蚁多的方向挖出主蚁道，再挖至主巢，获取蚁王、蚁后，捣毁蚁群。

4. 生物防治

对聚集的白蚁喷撒金龟子绿僵菌、球孢白僵菌菌剂进行防治（柯云玲等，2011；黄海和董昌金，2006；嵇保中等，2002）。

5. 点烟熏杀

在造林带状整地时，如发现白蚁的较粗蚁道，人工追挖至主蚁道，用一端封闭一端敞开的自然压烟筒，点燃烟剂后，对准主蚁道，由于高温产生高压，将敌敌畏烟雾压入主蚁道、蚁巢，使整巢白蚁中毒死亡。

6. 灯光诱杀

黑翅土白蚁、黄翅大白蚁（包括家白蚁）的成虫都有较强的趋光性。可在每年4~6月有翅成虫分飞期，采用灯光诱杀。

7. 药剂防治

聚集在树干、根部的白蚁群，清除泥被直接对虫体喷药防治。常用的药剂有：40%氯吡硫磷乳油、10%氯菊酯乳油、10%吡虫啉杀白蚁悬浮剂、5%联苯菊酯乳油、2.5%溴氰菊酯乳油、80%敌敌畏乳油、5%氯虫苯甲酰胺悬浮剂等。一般稀释成200~1000倍液喷洒。

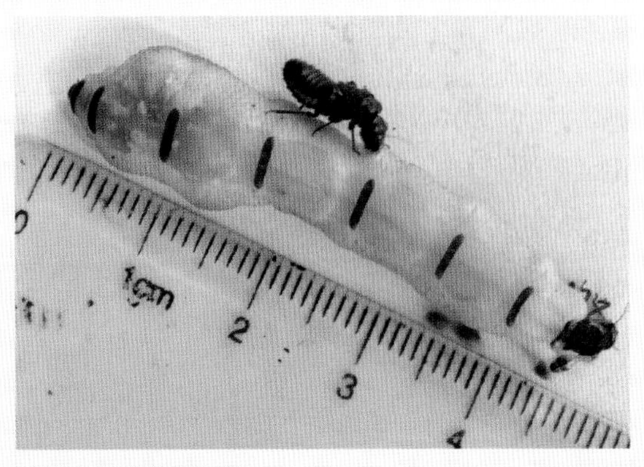

黑翅土白蚁蚁后与蚁王

第三章

半翅目 Hemiptera

042 麻皮蝽

Erthesina fullo（Thunberg）

中文别名 麻椿象、黄斑蝽、麻纹蝽

分类地位 半翅目 Hemiptera

蝽科 Pentatomidae

分　　布 北起黑龙江，南到海南均有分布（林毓鉴等，1999a）。

寄主植物 杂食性，已发现可取食上百种不同科的林木、果树及花卉植物。

危害特点 成虫及若虫吸食嫩梢、果实汁液，造成寄主植物枯叶及落叶，影响生长。

形态特征

成虫 雌成虫体长19~23mm，雄成虫体长18~21mm，体黑褐色，密布黑色刻点和细碎不规则黄斑。触角黑色，第1节短而粗大，第5节基部1/3为浅黄白色或黄色。喙淡黄色，末节黑色，伸达腹部第3节后缘。头部前端至小质片基部有1条明显的黄色细中纵线。前胸背板前缘和前侧缘具黄色窄边。各腿节基部2/3浅黄色，两侧及端部黑褐色；胫节黑色，中段具淡绿色白色环斑。气门黑色。

卵 馒头形或杯形，直径约0.9mm，高约1mm。初产时乳白色，渐变淡黄色或橙黄色，顶端有1圈锯齿状刺。聚生排列成卵块，每块有卵多为12粒。

若虫 初孵若虫体椭圆形，胸腹部有许多红、黄、黑3色相间的横纹。体长1.0~1.2mm，宽0.8~0.9mm。2龄若虫体呈灰黑色，腹部背面具红黄色斑6个。老龄若虫体形似成虫，密布黄褐色斑点。

生物学特性

在福建枫香树上5~11月均可见成虫，发生规律不详。在河南果树上一年1代，在云南蒙自石榴上一年3代（李存钦等，1998），均以成虫越冬。3~4月越冬成虫开始出蛰活动，卵块产于叶背，初孵若虫围绕卵块不食、不动，3~5天后蜕皮变成2龄，开始分散取食。低龄若虫喜群集危害，大龄若虫和成虫则喜分散危害。气温20~30℃时活动最盛。5~9月是若虫、成虫的危害盛期，10月开始成虫陆续在树洞、土缝、草丛、屋角、檐下、墙缝、枯枝落叶及草堆等处越冬。

成虫

043 角盾蝽
Cantao ocellatus（Thunberg）

中文别名 黄斑角盾蝽、黄盾背蝽象、桐蝽

分类地位 半翅目 Hemiptera
盾蝽科 Scutelleridae

分　　布 福建（安溪、平和、新罗、漳平、永安、浦城）、浙江、安徽、江西、河南、湖北、湖南、广东、广西、海南、云南、贵州、台湾；日本，印度，越南，缅甸，菲律宾，马来西亚，斯里兰卡，印度尼西亚（林毓鉴等，1999b）。

寄主植物 枫香、油茶、茶、油桐、野桐、血桐、白楸、构树、番石榴、杜鹃、梨（林毓鉴等，1999b）

危害特点 以若虫、成虫吸食寄主植物的嫩梢、叶、花和果实汁液，影响植物生长和挂果。

形态特征

成虫 体长16~28mm，宽10.5~13.5mm。体背外观颜色变化大，主要有米白色、黄色、橙黄色至橙红色等个体，头部基部及中叶基大半金绿色，触角紫蓝色，第4、5节黑色。前胸背板有2~8个黄白斑，此斑有些个体互相连结，斑内有黑色斑点或无，侧角略向前指，末端尖刺状或缺。前胸背板后缘与小盾片之间有一黑色的细横线。小盾片上有6~8个黄白斑，形状变化很大，斑纹内有黑色斑或无。前翅革质部基处外域紫蓝色。足暗金绿色，前、中足腿节基大半棕褐。腹部腹面黄褐色，第2~5节中央具纵槽，其两侧及各节侧缘各有1个紫蓝色斑块。

生物学特性

成虫和若虫常群聚于叶片、嫩梢等觅食、交配。雌虫具有护卵、护幼的习性，产卵后会在卵块附近照顾卵块，直到若虫孵化。

橙黄色成虫（左边个体前胸背板侧角末端无尖刺，右边个体具尖刺）

成虫腹面

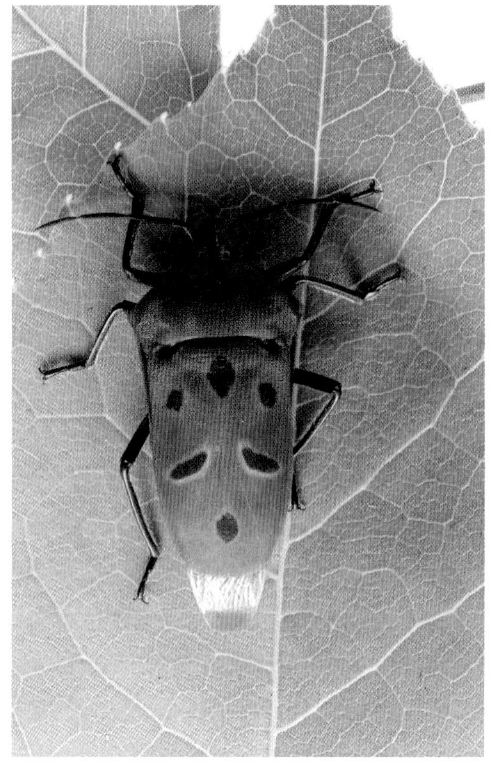
橙红色成虫（前胸背板侧角末端无尖刺）

交配中的成虫

044 丽盾蝽
Chrysocoris grandis（Thunberg）

分类地位　半翅目 Hemiptera
盾蝽科 Scutelleridae

分　　布　福建（福州、莆田、仙游、漳平、龙岩、南安、长泰、南靖、龙海）、江西、河南、湖南、广东、广西、海南、四川、贵州、云南、西藏、甘肃、台湾；日本，印度，不丹，越南，泰国，印度尼西亚（林毓鉴等，1999b）。

寄主植物　枫香、油茶、茶、麻疯树、油橄榄、油桐、苦楝、红木、泡桐、樟、云南松、思茅松、椿、八角、荔枝、龙眼、番石榴、板栗、柑橘、桃、梨和倒吊笔等多种林木和果树（周建华等，2010；王洪建等，2006；林毓鉴等，1999b；周世芳，1994）。

危害特点　以若虫、成虫吸食寄主植物的嫩梢、叶、花和果实汁液，叶片和果实受害处出现褐色斑点。受害果实小、果仁瘦，严重时果实脱落或出油率降低。

形态特征

成虫　体长18~25mm，宽8~12mm。体大多浅灰色或黄色、黄褐色至红褐色，具光泽。头部基部及中叶基大半、触角及足黑色。前胸背板前半中央有1个伸达前缘的黑斑（雄成虫的黑斑较大，雌成虫的黑斑较小）。小盾片基缘黑，近中部处有3个黑色横斑（中央及两侧各1个），呈“品”字形排列。腹部腹面基部及其后各节的后半部黑色。

卵　块产。卵粒鼓形，直径约1.5mm，高约1mm，上端有一圆圈形成卵盖。受精卵初产时呈浅蓝色，近孵化时变为浅红色或深红色。未受精卵始终呈白色状。

若虫　1~2龄时体呈菱形，大红色至金绿色，长3.5~4.0mm，宽2.0~2.5mm，喙管、足、触角均是体长的1~1.5倍，红色至紫黑色。3~5龄若虫体长12.0~13.0mm，宽7.5~12.0mm；呈椭圆形、蓝绿色至金黄色；触角、喙管短于腹端2.0~5.0mm；腹面生有长方斑、臭腺、肛门和生殖器；小盾片在3龄期显露，高1~3mm，伸达腹部第1~2节；翅芽在4龄期显露，高2~5mm，伸达腹部第1~3节；喙管、触角、足和斑纹均为紫褐色或金黄色。

生物学特性

一年1代，卵发生在6~8月，若虫发生在7~10月，成虫期在10月至翌年7月；以成虫越冬，翌年3~4月开始活动，多分散危害，4~6月危害较重（周世芳，1994）。

越冬成虫多在翌年6月下旬开始交尾，雌成虫交尾后16天左右开始产卵，卵粒呈线状排列，每雌产卵1~2块，平均每块含卵85粒。卵历期9天左右开始孵化，以晴天的11：00~15：00孵化最盛，初孵若虫群聚于避光的叶背上。3~5龄若虫每只平均2天吸食1次，多在白天进行。成虫有假死习性，10月后飞到附近其他有绿叶的林木上，在密蔽且避风向阳的树叶背面越冬，较集中。天敌有蚂蚁、沟卵蜂、平腹小蜂、白僵菌、蠋蝽、鸟类等。

成虫

045 八点广翅蜡蝉

Ricania speculum（Walker）

中文别名 八点蜡蝉、八点光蝉、橘八点光蝉

分类地位 半翅目 Hemiptera

头喙亚目 Auchenorrhyncha

广翅蜡蝉科 Ricaniidae

分　布 福建（全省）（何学友，2016）、江苏、浙江、安徽、江西、河南、湖北、湖南、广东、广西、海南、四川、贵州、云南、陕西、台湾（周尧等，1999）。

寄主植物 枫香、油茶、樟、海桐、乌桕、梧桐、刺槐、茶、桑、棉花、黄麻、大豆、苹果、梨、桃、杏、李、梅、樱桃、枣、栗、山楂、橘、咖啡、可可、女贞、桂花、茶花、紫薇、迎春、映山红等多种农林及园林植物（周尧等，1999）。

危害特点 成虫、若虫常数头一起排在嫩枝上刺吸汁液，受害梢表皮发黑、皱缩，影响枝条生长，重者干枯。油茶等植物幼果也常受其害。

形态特征

成虫 体长11~14mm，翅展 23~26mm，黑褐色，疏被白蜡粉。触角刚毛状，短小。单眼2个，红色。头胸部黑褐色至烟褐色，中胸背板具纵脊3条，中脊长而直，侧脊近中部向前分叉。翅革质密布纵横脉呈网状；前翅宽大，略呈三角形，翅面被稀薄白色蜡粉，翅上有6~7个白色透明斑。翅上透明斑的分布：1个在前缘近端部2/5处，近半圆形；其外下方1个较大，呈不规则形；内下方1个较小，长圆形；近前缘顶角处1个很小，狭长；外缘有2个较大，前斑形状不规则，后斑长圆形，有的后斑被1个褐斑一分为二。后翅半透明，翅脉黑色，中室端有1小白透明斑，外缘前半部有1列半圆形小白色透明斑，分布于脉间。腹部和足褐色。足除腿节为暗褐色

在油茶叶片上的八点广翅蜡蝉若虫

枫香嫩枝上的八点广翅蜡蝉成虫与碧蛾蜡蝉若虫

外，其余为黄褐色，后足胫节外侧有刺2个。

卵 长约1.2mm，长卵形，卵顶具1个圆形小突起，初乳白色渐变淡黄色。

若虫 体长5~6mm，宽3~4mm，体略呈钝菱形，翅芽处最宽，暗黄褐色，布有深浅不同的斑纹，低龄若虫乳白色，近羽化时部分个体出现白色斑纹；体疏被白色蜡粉，貌似灰白色；腹部末端有4束白色绵毛状蜡丝，呈扇状伸出，中间1对长约7mm，两侧长约6mm，平时腹端上弯，蜡丝覆于体背以保护身体，常作孔雀开屏状，向上直立或伸向前方。

生物学特性

在福建福州一年2代，多以第2代后期羽化的成虫在枝条丛、枯枝落叶或土缝中越冬，部分以卵越冬（何学友，2016）。越冬代成虫4月上旬开始活动产卵。5月上旬卵开始陆续孵化，6月上旬开始若虫老熟羽化，7月上中旬为羽化盛期，成虫经20天左右取食后交配，7月上旬至8月下旬为产卵期，8月上旬第2代卵开始孵化，9月上旬第2代老熟若虫羽化。

成虫有趋光性、趋荫性和群集性，稍受惊易飞翔；产卵于当年枝木质部内，以直径4~5mm粗的枝背面光滑处产卵较多，每处成块产卵5~22粒，产卵孔排成一纵列，孔外带有部分木丝并覆有白色绵毛状蜡丝，极易发现与识别；每雌可产卵120~150粒，产卵期30~40天（张小亚和黄振东，2011；喻爱林，2007；刘永生等，1999）。成虫飞行力较强且飞行迅速，爬行迅速且善于跳跃；至秋后陆续死亡或越冬。若虫活泼，有群集性，常数头在一起；若虫稍受惊即横行斜走并作孔雀开屏状，惊动过大时则跳跃。该虫在幼林中较成年林中发生重。天敌有草蛉、瓢虫、蜂类、蚂蚁、蜘蛛等，其中与蜘蛛关系密切。

046 碧蛾蜡蝉
Geisha distinctissima（Walker）

中文别名 茶蛾蜡蝉、绿蛾蜡蝉、黄翅羽衣、橘白蜡虫、碧蜡蝉

分类地位 半翅目 Hemiptera
头喙亚目 Auchenorrhyncha
蛾蜡蝉科 Flatidae

分　　布 福建（全省）（何学友，2016）、辽宁、吉林、上海、江苏、浙江、江西、山东、湖北、湖南、广东、广西、海南、四川、贵州、云南、台湾（周尧等，1999）。

寄主植物 枫香、油茶、白蜡、银柳、菊花、八仙花、茶花、茶梅、无花果、樱花、南天竹、枸骨、桂花、麻叶绣球、女贞、杜鹃、蔷薇、广玉兰、大叶黄杨、海桐、素馨、紫檀、柑橘、柿、桃、李、杏、梨、苹果、梅、葡萄等多种农、林及园林植物（周尧等，1999）。

危害特点 成虫、若虫常数头一起排在枝上刺吸植物的嫩梢、枝、茎、叶、幼果，严重时致使树体衰弱。雌虫产卵时刺伤嫩茎皮层，严重时引起嫩茎枯死。此外，该虫的分泌物还可诱发煤烟病。

形态特征

成虫 体长7~8mm，翅展18~21mm。体粉绿色，顶短，向前略突，侧缘脊状褐色。喙粗短，伸至中足基节。唇基色略深。复眼黑褐色，单眼黄色。前胸背板短，前缘中部呈弧形，前突达复眼前沿，后缘弧形凹入，背板上有2条褐色纵带；中胸背板长，上有3条平行纵脊及2条淡褐色纵带。腹部浅黄褐色，覆白粉。前翅宽阔，外缘平直，翅脉黄色，脉纹密布似网纹，红色细纹绕过顶角经外缘伸至后缘爪片末端。后翅灰白色，翅脉淡黄褐色。足胫节、跗节色略深。静息时，翅常纵叠成屋脊状。

卵 纺锤形，乳白色。长约1.5mm。

若虫 初孵若虫长约2mm，老熟时体长5~6mm，淡绿色，体长形扁平，腹末截形，全身覆以白色棉絮状蜡粉，腹末具有多条丝状白色蜡质毛束，毛束最长达4mm。爬行时尾部毛束向上直立。

生物学特性

年发生代数因地域而异，大部分地区一年1代，以卵在枯枝中越冬（喻爱林等，2006；梅志坚，2004）。第2年5月上中旬孵化，7~8月若虫老熟羽化为成虫，9月雌成虫产卵。福建一年1代，成虫盛发期为6~8月。广西一年2代，以卵越冬，也有以成虫越冬的。第1代成虫6~7月发生。第2代成虫10月下旬至11月发生，一般若虫发生期3~11个月。

成虫、若虫都有趋嫩、怕光的习性，多在树冠内枝条或叶背面取食。成虫、若虫善跳，遇惊即逃。成虫羽化后1个月左右开始产卵，7月下旬至8月上中旬为产卵盛期，每头雌成虫产卵20粒左右，卵多单产于新梢皮层内。

去掉蜡粉的若虫

展翅成虫

成虫侧面

成虫背面

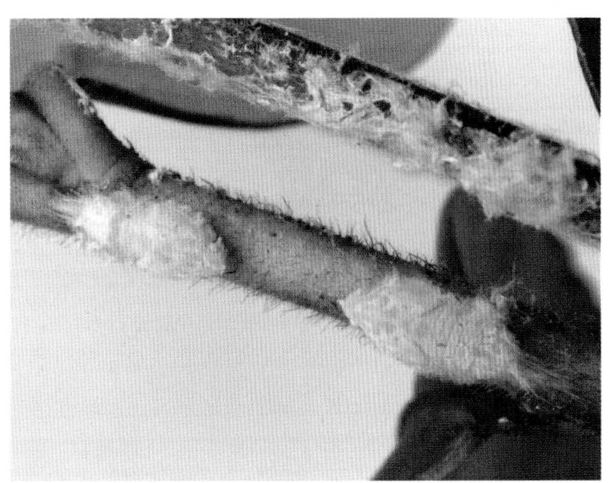

蝉蜕

油茶枝条上覆以白色棉絮状蜡粉的若虫

047 棉蚜
Aphis gossypii Glover

分类地位 半翅目 Hemiptera
胸喙亚目 Sternorrhyncha
蚜科 Aphididae

分　　布 全世界广布（张广学等，1999）。

寄主植物 棉蚜寄主植物广泛，包括棉、枫香、木槿、石榴、花椒、鼠李属、牡荆草、瓜类、荠菜等200余种植物（张广学等，1999），在广泛的寄主间存在寄主专化型（刘向东等，2002）。

危害特点 以刺吸式口器插入叶背或嫩梢部分组织吸食汁液，受害叶片向背面卷缩，叶表有蚜虫排泄的蜜露（油腻），并往往滋生霉菌。

形态特征

无翅孤雌蚜 体长约1.9mm，宽约1.0mm，卵圆形。活体深绿色、黄绿色至黄色，体色随寄主和季节不同而变，若蚜体背蜡腺明显。玻片标本特征描述可参见张广学等（1999）。7、8月间的小型个体体长仅有一般个体体长的41%～49%，且触角第3、4两节分节不清，触角常只见5节，体背斑纹常不明显。无翅若蚜与无翅胎生雌蚜相似，但体较小，腹部较瘦。

有翅孤雌蚜 体长约2.0mm，宽约0.68mm，长卵圆形。活体头、胸黑色，腹部深绿色、黄色等，颜色随寄主、季节的不同而异。翅透明，中脉三岔。触角约为身体的一半长。复眼暗红色。腹管黑青色，较短。尾片青色。有翅若蚜形状同无翅若蚜，2龄出现翅芽，向两侧后方伸展，端半部灰黄色。

卵 初产时橙黄色，约6天后变为漆黑色，有光泽。卵产在越冬寄主的叶芽附近。在温度高的地区营完全孤雌生殖，不产卵。

生物学特性

棉蚜在枫香上的生物学特性未见报道。前人研究表明，棉蚜的年生活周期有两种类型，在亚热带高温地区为不全周期型，终年营孤雌胎生

危害状

危害状

繁殖，以成蚜、若蚜在同一寄主上过冬；在长江流域及以北棉区属全周期型，有世代交替现象，年生活史要在两类寄主上完成，一类是产受精卵的越冬寄主，另一类是夏、秋季的侨居寄主（丁锦华和傅强，1995）。棉蚜繁殖速度快，在20℃下，世代历期6~8天（陈连根，1994）；15~20℃最适于棉蚜生长（李本珍等，1986；陈连根，1994）。因此，在福建除夏季外，大多数时间气温有利于棉蚜生长；由于枫香冬季大多落叶，棉蚜可能存在转主危害。

成蚜和若蚜

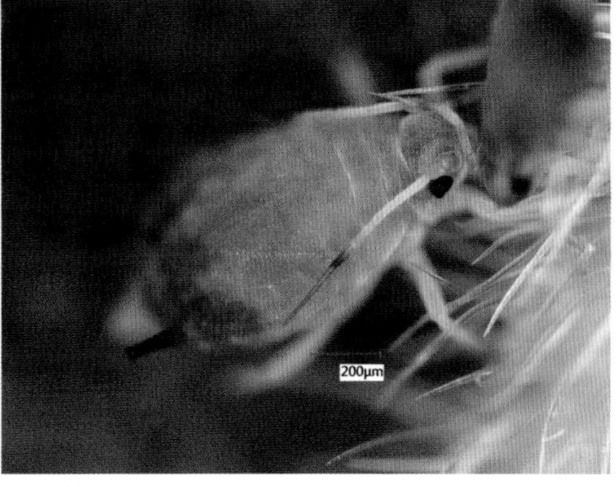

无翅雌蚜

048 茶硬胶蚧

Paratachardina theae（Green）

中文别名 茶角胶蚧

分类地位 半翅目 Hemiptera

胶蚧科 Kerriidae

分　　布 长江流域以南，西自云南、贵州、四川，东至沿海、台湾，北至湖北、安徽，西藏也有发生（张汉鹄和谭济才，2004）。

寄主植物 枫香、茶、柑橘、杨梅、杨桃、栀子、柿、白杨等。

危害特点 虫口固着在寄主枝干上吸汁，并引发煤病，造成树体衰退。

形态特征

介壳 雌成虫介壳半球形，长约2.3mm，紫红色，常因发生煤菌而呈黑褐色，表面有16条放射状突起。雄虫介壳圆筒形，棕黄色，尾部较细而翘起，成长后长约1.6mm，宽约0.6mm。

成虫 雌成虫鲜红色，三叶形，体长最大达1.7mm，宽1.8mm，背部隆起，多褶皱，腹面平。雄成虫亦鲜红色，体长约0.9mm，翅展2.1mm；眼黑色，触角及足橙黄，翅乳白色略带紫色光泽；腹部扁平，交尾器锥状，尾须1对，白色细长。

卵 椭圆形，鲜红色，长约0.4mm，宽0.2mm。

若虫 初孵若虫长椭圆形，鲜红色，体长约0.5mm，宽约0.2mm。背隆起，眼黑色，口针棕色，触角与足黄色，腹末尾丝长。固定后体侧分泌白色蜡絮并在体背及四周分泌橙黄色半透明胶蜡。2龄若虫蜕皮附于体背。雌虫向体侧泌蜡，渐成半球形胶壳。雄虫向前后泌蜡，渐成圆筒形胶壳，尾端翘起。

蛹 椭圆形，鲜红色，长约1.0mm，眼黑色。腹部分节清晰，腹末交尾器圆锥状。

枫香枝上的雌虫介壳

枫香枝上的雄虫介壳

生物学特性

2017年9月19日在福州植物园（福州国家森林公园）枫香树上采集到该虫，其在枫香树上生物学特性不详。

在浙江茶园，该虫一年1代，以受精雌成虫在茶树枝干上越冬；翌年4月中旬开始孕卵，5月中旬开始卵胎生，产出若虫，5月下旬盛孵；7月下旬雄虫始蛹，8月初开始羽化，8月上旬末进入羽化高峰，与雌成虫交尾后一天死去，再以受精雌成虫越冬（朱俊庆，1981）。茶丛郁闭，通风不良，茶硬胶蚧极易发生危害。

雌成虫历期长达8个月，交尾后迅速长大，可达交尾时的30多倍。雌成虫平均产卵167粒，产卵期平均12天，陆续孕卵、胎生孵出，平均持续长达12天。若虫期60天左右。初孵若虫于中午前后自雌介壳下爬出，随即于2~3天内在枝干上选择适当部位固定，继之吸食、泌蜡成长。雄蛹期10天左右。在雌成虫卵胎生期间，若遇阴雨，初孵若虫聚集母蚧胶壳内不得爬出，阴雨连绵过长，引起夭折；爬出的若虫，存活率也会大为下降。

茶硬胶蚧常有寄生蜂寄生。

049 枫香绵粉蚧
Phenacoccus sp.

分类地位 半翅目Hemiptera

粉蚧科Pseudococcidae

分　　布 粉蚧为世界性分布。本种系2017年9月17日采自福建省武夷山市五夫镇典村村枫香树叶上，经北京林业大学武三安教授鉴定，与浙江西天目山麻栎上的天目绵粉蚧*Phenacoccus tianmuensis* Wu近似（武三安，2001），但种名尚未确定，故暂用枫香绵粉蚧*Phenacoccus* sp.称之。

寄主植物 枫香、麻栎。

危害特点 虫口固着在枫香叶片背面、小枝上吸汁，易引发煤污病，严重时造成树体衰退。

形态特征

雌成虫体椭圆形，被有白蜡粉，体周有细长蜡丝，体节分明，产卵时能在体后分泌长须白色卵囊。触角9节。

生物学特性

发生世代不明。在福建省武夷山市五夫镇典村村枫香树叶上8~10月均可见到卵囊，雌虫先在叶背面或小枝上固定补充营养，产卵时一边产卵，一边分泌白色蜡丝包裹全身形成卵囊。卵囊主要分布在叶背面，少数分布在小枝上，一般1片叶上有1~3个卵囊，多的有7个。雌虫产卵数百粒。初孵若虫主要固定在叶背面叶脉两侧和卵囊四周取食，当叶背虫口密度过高时，部分若虫可扩散到叶柄、小枝上。秋季落叶前，大多数若虫向枝条及主干转移，在树缝、翘皮下等处越冬；小部分若虫随落叶飘散，在地面石块碎瓦下寻找越冬场所。

在五夫镇典村村6株树龄190余年的古枫香树上均有该虫危害，树冠下部叶片受害率较高，达85%以上。

枫香叶背面的雌虫与卵囊

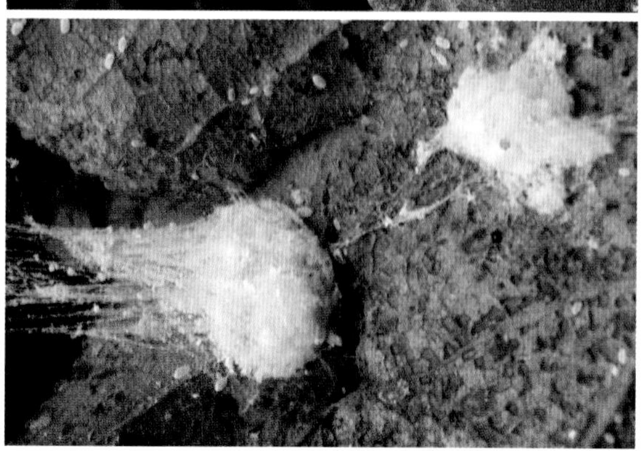

上图 枫香叶背面的若虫；下图 卵囊

半翅目防治方法

1. 营林措施

秋冬季清除林间枯枝落叶、杂草等，集中烧毁或深埋，消灭越冬若虫与成虫。合理施肥，多施有机肥和磷、钾肥，促进林木生长，增强树势。结合管理，适当疏枝，剪除枯枝和虫害严重的枝、叶，有卵块的枝条集中处理，减少虫源。合理密植，修除过密枝条，保持林地良好的通风透光条件，不利害虫繁衍。清除林分周围蝉的嗜好寄主。

2. 人工防治

人工采集卵块或捕捉群集的若虫、成虫。利用蟓象成虫假死性进行摇落捕杀。刮除粗皮、翘皮，消灭部分越冬虫源。利用越冬成虫入蛰和出蛰初期成虫喜在墙壁上爬行的习性，进行人工捕杀。利用蟓象成虫早晚不善飞行的特点，早晚振落捕杀。9月中下旬，可在林子附近的树上、墙上等处挂瓦楞纸箱、编织袋等折叠物，诱集成虫在其内越冬，然后集中灭杀。

3. 生物防治

蝉、蚧、蟓等半翅目昆虫的天敌较多，如寄生蜂类、螳螂、蜘蛛、草蛉、瓢虫、钝绥螨以及白僵菌、绿僵菌等天敌。上述天敌具有较强的控制作用，要多加保护，在虫害较轻时不用或少用化学药剂，充分发挥天敌的自然控制作用。

平腹小蜂、蟓象沟卵蜂等是蟓的天敌，自然寄生率较高。在蟓象的产卵高峰期，也是寄生蜂的盛发期，此时可收集卵块放在容器中（上盖纱布），待寄生蜂羽化后，将蜂放回林间，以提高自然寄生率。若虫、成虫也可应用绿僵菌、白僵菌菌剂防治。

4. 灯光诱杀

蝉成虫有一定趋光性，可利用灯光诱杀。

5. 药剂诱杀

利用蟓象喜食甜液的特性，配制毒饵诱杀，采用20份蜂蜜、19份水，加入1份2.5%溴氰菊酯乳油混合成毒饵，涂抹在2~3年生枝条上。

6. 药剂防治

发生严重时，可用化学农药防治（药剂种类参考附表2），或在防治其他害虫时兼治，但要注意掌握在成虫产卵前和若虫孵化盛期进行。由于蝉体被有蜡粉，特别是若虫，所用药液中混用含油量0.3%~0.4%的柴油乳剂或黏土柴油乳剂，可显著提高防效。于成虫产卵前、产卵初期或若虫初孵群集未分散期施药为宜。蚧的初孵若虫体上的保护物少，而且活动范围较大，最易着药，因此，初孵若虫盛期的5月中旬和6月下旬为一年中防治的重要时期。

一种蚜虫危害枫香嫩叶

第四章
鞘翅目 Coleoptera

050 枫香卷叶象甲
Paratrachelophorus sp.

中文别名 瘤角卷叶象甲、摇篮虫

分类地位 鞘翅目 Coleoptera
卷象科 Attelabidae

分　　布 福建、湖南、湖北、台湾等。

寄主植物 枫香、油茶、茶、桂花、樟、水金京、台湾山香圆、九节木、红楠等（何学友，2016；周红春等，2010）。

危害特点 成虫取食寄主叶背或叶面叶肉，叶片成黄褐色透明斑块。雌虫卷叶成虫苞，并在其中产卵。幼虫在叶苞内取食。

形态特征

成虫 红棕色。雄虫体长13~16mm，头部细长如颈。雌虫8~11mm，体宽2.7~2.9mm，头部较粗，末端不具细颈。触角前端膨大成锤状，基部2 节和端部 3 节黑色，中间几节为红棕色；复眼黑色，圆球状；头部与前胸交界处具黑色环圈；前胸背板红褐色无斑纹，后胸腹面两侧各有1个椭圆形白斑；鞘翅棕红色，肩部具瘤突，有突起纵条纹；胸足红褐色，腿节粗圆，两端具黑斑，胫节前端具长刺1~2枚。

卵 长1.2~1.4mm，宽0.6~0.7mm，椭圆形，浅黄色，略透明，表面光滑。孵化前变黄褐色。

幼虫 老熟幼虫体长4.5~6.0mm，略呈"C"形。头红褐色，体乳白色至乳黄色。

蛹 体长4~5mm，乳白色至乳黄色。

生物学特性

在福建，以老熟幼虫或蛹在虫苞中越冬，翌年3月开始羽化为成虫，3~10月树上均可见成虫。

成虫啃食寄主叶背或叶面叶肉，但很少将叶片咬穿成孔。成虫警惕性强，具假死性，寿命30天以上（何学友，2016）。雌虫卷叶成叶苞并在其中产卵，每苞1粒，偶见2粒。做1个叶苞一般需3小时左右。先用上颚从叶片中部斜向横切至叶缘另一边，距叶缘2~4mm处转向叶柄切叶，至叶柄基部1~2cm处停止，使切下的叶如小三角旗状悬挂于原叶上，然后花较长时间用喙仔细在叶面戳出数百个小坑，将叶脉纤维破坏，以便折卷。再用尽全身力气，将叶仔细地由叶尖往内卷折成筒状，成虫爬入卷筒中产卵，卵产于叶尖处。最后将卷筒两端的叶子卷入筒中，1个长筒形叶苞就悬挂在近叶柄处，叶苞1~3天后变为枯黄色。卵4~6天后孵化，幼虫在叶苞内取食，可将叶苞内部的枯叶食尽，仅剩叶苞表面叶片，10天左右老熟幼虫在叶苞内作1个光滑蛹室化蛹，7天后成虫从叶苞侧面咬出1个近圆形的羽化孔爬出。平均虫苞做成21天后成虫从中飞出。

幼虫期的天敌有寄生蜂。

卵

雌成虫

雌成虫

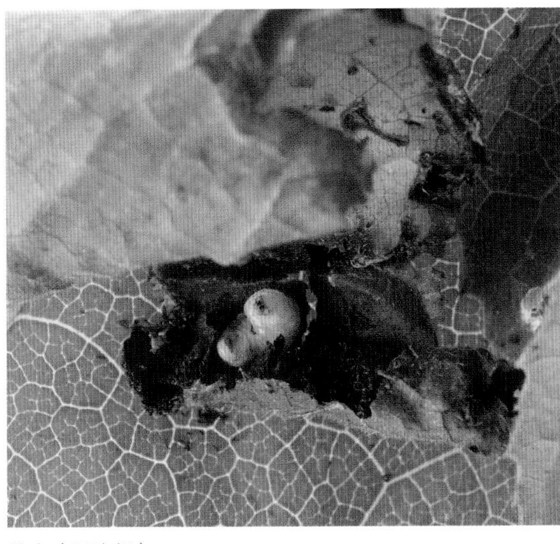
幼虫（示头部）

幼虫侧面

蛹背面

蛹侧面

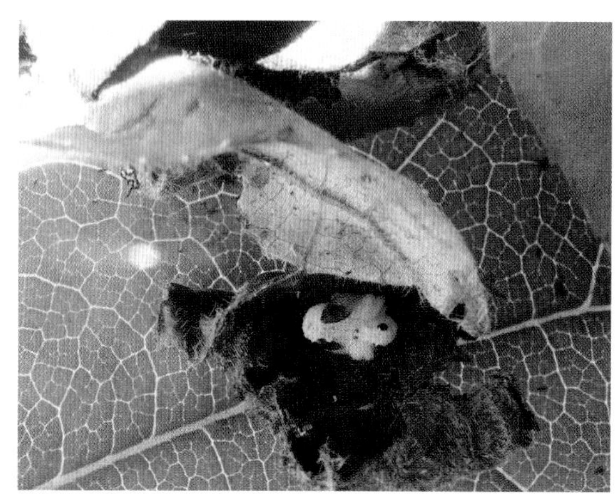
蛹腹面

虫苞

虫苞

虫苞

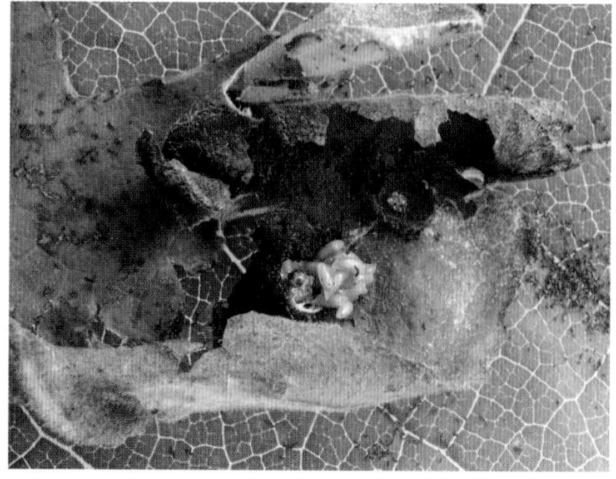
幼虫寄生蜂蛹

051 枫香刺小蠹
Acanthotomicus sp.

分类地位　鞘翅目 Coleoptera
象甲科 Curculionidae
小蠹亚科 Scolytinae

分　　布　中国（上海、江苏）（Gao et al., 2017）。

寄主植物　枫香（Gao et al., 2017）。

危害特点　钻蛀危害植株主干，取食树皮形成层，被钻蛀处会流出树脂；幼虫完成世代后离开虫道，在树皮上留有羽化孔。被危害的枫香树冬季不落叶，春季不萌芽，最终枯死。

形态特征

成虫　体棕黄色，鞘翅斜面上齿突黑色，足及触角棕黄色。雄虫体长约2.3mm。被毛淡黄色至金黄色，细长、稀疏，近均匀分布。头部额面扁平，额面有中隆线；复眼肾形，前缘中部轻微凹陷；触角扁平，触角着生点位于复眼前缘凹陷处，触角锤状部第1节中部形成拱形。前胸背板长大于宽，长宽比为1.2∶1；背板前1/2为横纹区，后1/2为刻点区；侧面观背板距前缘1/2处开始向前缘呈弧形下倾，后1/2平直，前胸背板侧缘不明显；在背板前缘上有1列瘤突，大小相等；刻点较小且分布稀疏，圆形。鞘翅长度约为前胸背板长度的1.6倍，为两翅合宽的1.1倍；背面观鞘翅两侧缘呈直线延伸，平行，在近翅末端1/5处开始收缩；侧面观鞘翅前2/3水平向后延伸，后1/3向下倾斜形成斜面（翅坡）；斜面上共有4对齿突，位于圆盘轮廓上，第1、2齿突位于第2、3刻点行上，第3齿突略小，第3、4齿突位于圆盘轮廓侧缘上，鞘翅末端近中缝处略凹陷。雌虫与雄虫较近似，仅斜面上齿略小。

卵　卵圆形，黄白色。

幼虫　体白色。

蛹　白色，裸蛹。

生物学特性

该虫在上海地区严重危害北美枫香，中国枫香上偶尔发现，一年2~3代，以幼虫、蛹和成虫在虫道越冬（Gao et al., 2017）。产卵于母虫道两侧，同一侧的卵之间有一定距离，幼虫在母虫道侧边孵化后会沿侧边方向蛀食，通常多条子虫道相互平行，取食后的木屑填充在身后的虫道中，蛹室位于子虫道的末端，成虫羽化后从羽化室直接钻出树皮。幼虫期、成虫期的天敌有白僵菌、木霉菌等。

成虫侧面

成虫背面

树皮被钻蛀后流树脂

树皮上大量的羽化孔

大片北美枫香被危害

在虫道内被真菌杀死的成虫

幼虫与成虫

蛹

树皮下的虫道

在羽化室的成虫

052 削尾巨材小蠹
Cnestus mutilatus (Blandford)

分类地位 鞘翅目Coleoptera

象甲科 Curculionidae

小蠹亚科 Scolytinae

分 布 中国南方广泛分布；美国，巴布亚新几内亚，缅甸，印度，印度尼西亚，马来西亚，斯里兰卡，泰国，日本，韩国（邵爱娥等，2006；叶祖详等，1996；殷蕙芬等，1984；Schiefer and Bright，2004；Wood and Bright，1992）。

寄主植物 寄主广泛。

危害特点 喜欢钻蛀树势变弱的植株和新移栽的树木，钻蛀时候会排出大量木屑。

形态特征

成虫 雌、雄异型。雌虫体深黑色，足及触角棕黄色，前胸背板及鞘翅略具金属光泽。体长3.9~4.5mm。被毛淡黄色至金黄色，小盾片基部生有一丛细长的茸毛，鞘翅坡面上有明显茸毛，头部额面扁平，表面微网状，刻点分布稀疏；复眼肾形；触角棒节扁平，触角着生点位于复眼凹刻的前缘。前胸背板宽大于长，长宽比为0.92；背板前1/2为横纹区，后1/3为刻点区；侧面观背板距前缘1/2处凸起为最高点，向前缘呈弧形下倾，后1/2略下倾；瘤区中的瘤突横向扁长，从顶点向前缘渐渐变大；在背板前缘上有2个略微上翘的瘤突，大小相等。足扁宽。小盾片表面光亮，近正三角形。背面观下鞘翅长度约为前胸背板长度的2/3，为两翅合宽的3/4；背面观鞘翅两侧缘呈直线延伸，平行，在近翅末端1/2处开始收缩；侧面观鞘翅前2/5水平向后延伸，后3/5向下强烈倾斜形成斜面（翅坡），鞘翅斜面粗糙，边缘明显；刻点沟明显凹陷。雄虫体型较雌虫扁小，体长2.0~2.3mm，复眼小，前胸背板平坦，鞘翅斜面后缘略上翘，无后翅。

卵 白色，卵圆形。

幼虫 体白色，虫向腹部弯曲成“C”形。

蛹 白色，裸蛹。

生物学特性

该虫在河北和浙江地区危害板栗，一年1~3代（叶祖详等，1996）。在福建、广西、香港和上海，也危害枫香。成虫钻蛀树干达一定深度后会制造1个或多个较大的虫室并将卵堆产于虫室的一角，雌成虫产卵量5~21粒。卵经1周左右孵化（邵爱娥等，2006），幼虫和成虫均只取食虫道内白色共生真菌，幼虫不形成子坑道。成虫会将虫道和虫室内的木屑和虫粪推出树干外。通常是成虫在虫道内越冬，开春后离开。

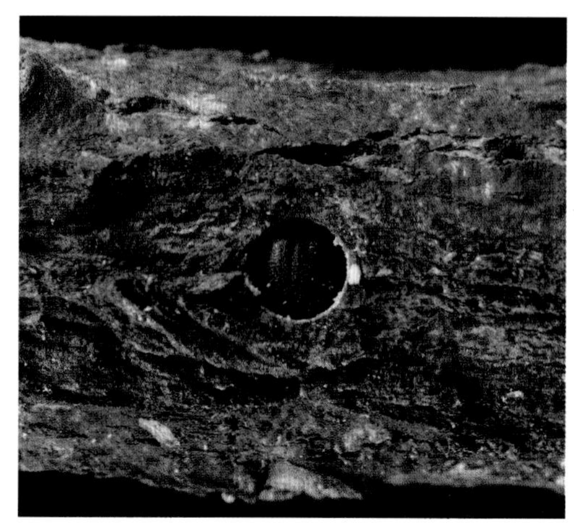

雌成虫钻蛀孔

雌成虫

枫香树干被大量成虫钻蛀

幼虫和虫道中的共生真菌

虫道内的雌成虫和幼虫

雄成虫

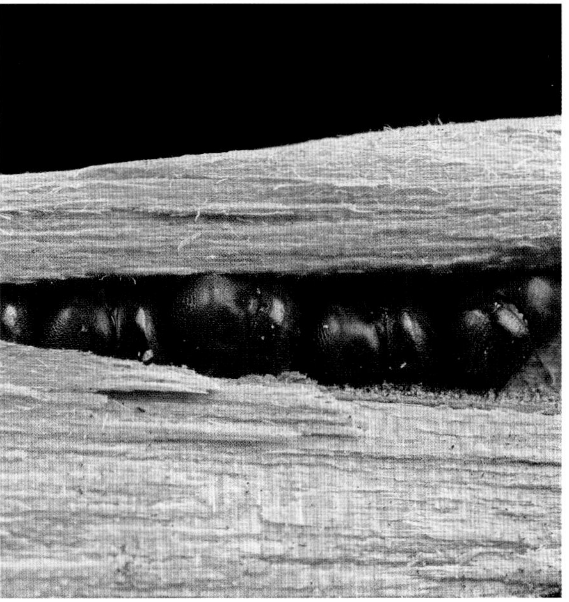
虫道内大量越冬雌成虫

053 暗翅足距小蠹

Xylosandrus crassiusculus （Motschulsky）

分类地位 鞘翅目 Coleoptera

象甲科 Curculionidae

小蠹亚科 Scolytinae

分　　布 中国南方；广泛分布于亚洲，非洲，北美洲，南美洲的亚热带地区（殷蕙芬等，1984；Landi et al.，2017；Pennacchio et al.，2003；Wood and Bright，1992）。

寄主植物 寄主广泛。

危害特点 通常不危害健康植株，喜欢钻蛀树势变弱的植株和新移栽的树木，钻蛀时木屑经过挤压会在树皮表面形成面条状。

形态特征

成虫 雌、雄异型，体红棕色，鞘翅斜面黑色，足及触角棕黄色。体长2.7~3.0mm。被毛淡黄色至金黄色，细长、稀疏，近均匀分布。头部额面扁平，表面微网状，额面无中隆线；复眼肾形；触角棒节扁平，触角着生点位于复眼前缘近下部。前胸背板宽大于长，长宽比为0.95，背面观近倒盾型，背板前2/3为横纹区，后1/3为刻点区；侧面观背板距前缘1/2处凸起为最高点，并向前缘呈弧形下倾，后1/2平直略下倾；在背板前缘上有1列瘤突，大小相等；刻点较小且分布稀疏；前胸背板后缘中部略有凹陷。足扁宽，前足基节不相邻。小盾片表面光亮，近正三角形。鞘翅长度约为前胸背板长度的1.5倍，为两翅合宽的1.2倍；背面观鞘翅两侧缘呈直线延伸，平行，在近翅末端1/4处开始收缩；侧面观鞘翅前1/3水平向后延伸，后2/3向下倾斜形成斜面（翅坡）；斜面侧缘明显，刻点沟明显，刻点沟散乱密布细小瘤突，整个斜面粗糙无光泽，粗糙的斜面与鞘翅前段的光滑区界限明显。雄成虫体色浅，体长通常不到雌虫一半，无翅。

卵 白色，卵圆形。

幼虫 体白色，虫向腹部弯曲成“C”形。

蛹 白色，裸蛹。

生物学特性

该虫在广西和上海的枫香害虫调查中均有发现。成虫具有趋光性，对酒精气味也有一定趋性。成虫钻蛀树干达一定深度后会制造1个或2个扁宽的虫室，并常将卵堆产于虫室的一角。幼虫不形成子坑道，幼虫和成虫均只取食虫室内白色共生真菌。成虫和老熟幼虫通常在虫道内越冬。

雌成虫

虫道中的雌成虫

成虫钻蛀后排出的虫粪形成细条状

雌虫钻蛀孔和雄成虫

木质部上的虫道和虫室

虫道中的雌成虫和白色的共生真菌

象甲防治方法

1. 营林措施

有的象甲在枯枝落叶或土中越冬。冬季清除林间枯枝落叶、杂草等，或浅翻土壤，破坏其越冬场所。

2. 人工防治

人工摘除虫苞。在成虫期，早晨趁露水未干时，杆击树木，利用该虫假死性，人工捕杀成虫。

3. 生物防治

秋季在林间地面施用白僵菌、绿僵菌等，感染越冬虫体。

4. 化学防治

虫害严重发生且影响林木生长和美观时，可采用化学农药防治（药剂种类参考附表2）。

小蠹防治方法

1.加强检疫

加强调运苗木的检疫工作，一旦发现有小蠹虫危害的植株，应及时按检疫法规进行灭虫处理。

2.诱集监测

使用化学性激素、饵木等，提前在林分周围设置监测点；一旦发现有危险性的小蠹，记录发生时间并及时采取防治措施。

3.营林措施与天敌保护

异常气候、不适宜的林分结构、不合理的人为活动都是造成小蠹发生和危害的主要原因。如土壤湿度过大时会加重食菌小蠹的发生，而在旱季往往是树皮小蠹发生严重。因此小蠹的治理应以林分环境为切入点，坚持预防为主，如控制造林密度，及时伐除虫源木，清理风折木、风倒木，剪除被害枝梢、死梢，适时采伐成过熟林，保持林分良好的卫生条件；对古树名木可通过挂袋注射营养液等方式及时复壮，以增强树势，提高抗性。在防治小蠹虫过程中，严禁滥用化学农药，以保护寄生蜂、郭公虫等多种小蠹虫天敌，创造对天敌有利的生态环境。

4.物理防治

类似诱集监测，设置饵木和聚集信息素诱杀成虫，降低虫口密度。

5.化学防治

准确掌握小蠹虫的发生时间，尽量在其蛀入寄主植物木质部前施药防治，否则药效会大打折扣。可用触杀型和胃毒型杀虫剂喷涂植株树干。大树也可用打孔注药的方法，在受害木树干距离地面40~50cm处四周均匀打孔，孔与孔之间的距离为10cm左右，孔向下倾斜45° 左右，深度1.0~1.5cm，每孔注射40%乐果乳油1.5mL，或其他内吸性强的药剂。打孔注药后用泥堵孔。

第五章
膜翅目 Hymenoptera

054 浙闽粘叶蜂
Caliroa zheminica Wei

分类地位 膜翅目 Hymenoptera
叶蜂科 Tenthredinidae
粘叶蜂亚科 Caliroinae

分　　布 福建（晋安、建宁、武夷山）、浙江（杭州）（魏美才和聂海燕，1977，2003）。

寄主植物 枫香。

危害特点 幼虫取食叶片。

形态特征

成虫 雌虫体长约8mm。体黑色，具微弱蓝色光泽；各足胫节和后足跗节暗褐色，前中足跗节褐色。翅烟褐色，端部1/4颜色较淡，翅痣和翅脉黑色。体毛浅褐色。唇基缺口稍深，弧形；颚眼距狭线状；复眼大，内缘向下微收敛，间距稍狭于眼高；中窝常不深，与额区之间以浅弱模糊的纵沟相连；侧窝较大而深，侧窝与中窝之间明显隆起；额区显著，额脊宽钝，与复眼间平缓过渡，无深沟，前面观不呈“U”形；额区中部陷入，前单眼顶部明显高出额脊；单眼后区显著隆起，宽长比约为2：1。头部在复眼后短小，两侧稍收缩；无后颊脊。头部背面具显著刻点，中窝底部和内眶刻点较细小稀疏，额脊处刻点较粗大。触角第2节长明显大于宽，第3节等长于第4、5节之和，亦等长于末端4节之和。中胸背板具细小稀疏的刻点，小盾片后缘具少数大刻点。中胸前盾片中沟显著；胸腹侧片发达。后足胫节端距明显短于胫节端宽；后足基跗节等长于其后

幼虫在枫香叶上取食

4节之和；爪基片腹缘显著凹入，近似内齿状。锯鞘端部尖出，背面观向末端稍变尖细。锯腹片具25~27刃，基部细柄状，第6~8锯刃处最宽，锯刃圆钝隆出，具10~13个小形细齿；锯背片十分狭长，无节缝刺毛。雄虫体长约7mm，体色与构造类似雌虫，但触角第2节长等于宽，第3节稍长于末端4节之和；额区两侧稍凹入；后翅无封闭中室。

幼虫 大龄幼虫体长9~11mm。头部半球形，漆黑色，体青绿色至乳白色，光滑略透明。胸部膨大，胸足发达，腹足6对，臀足较退化。

蛹 体长约8mm，黄褐色。

生物学特性

2015年6月22日在福建省林业科学研究院（福州市晋安区新店镇上赤桥）枫香树叶片上发现幼虫，19头幼虫群聚叶背取食叶肉，形成透明窗斑。一片叶子取食3/4~4/5叶面积后，幼虫集体转移到其他叶片取食。蜕皮后的头壳残留于叶背。休息或受惊扰时头部扬起，身体保持不动。6月28日发现附近有螳螂活动，幼虫全部消失。2017年9月14日在福建省武夷山市五夫镇五一村枫香树叶上采集的幼虫，9月下旬陆续在枫香叶背作薄茧化蛹越冬，或入土化蛹越冬。2018年4月25日羽化为成虫。

新羽化出土的成虫

受害的枫香叶片

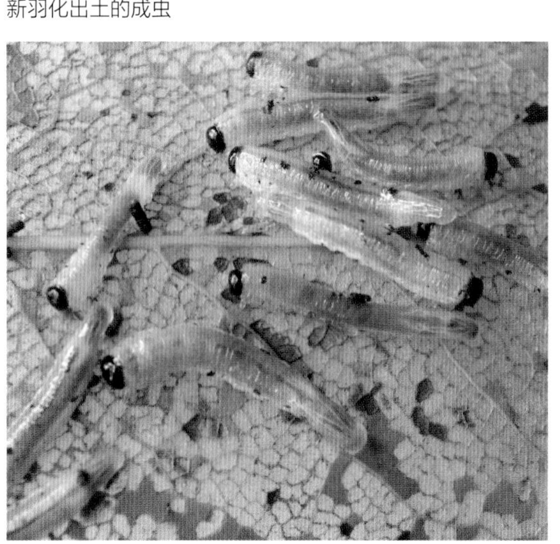

大龄幼虫

老熟幼虫

蛹侧面（图中标尺最小刻度为1mm）

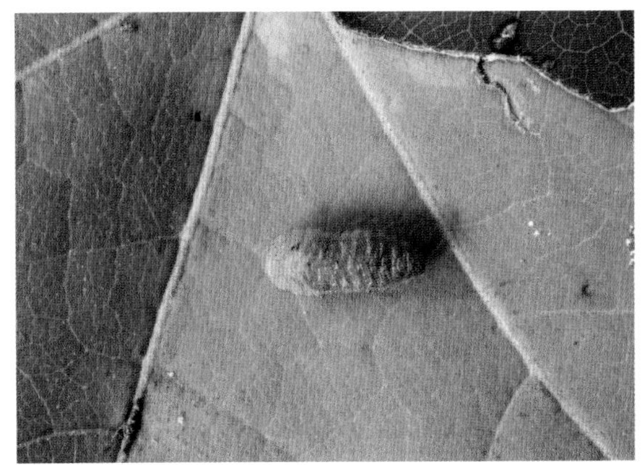
蛹背面

蛹腹面

叶蜂防治方法

1. 人工防治

幼虫群集危害，症状明显，可人工摘除被害叶片。

2. 营林措施

林地浅耕，将越冬茧暴露地面，或埋入土壤深层，可杀灭越冬蛹或幼虫。

3. 药剂防治

在幼虫发生危害期，可喷洒80%敌百虫可溶性粉剂1000~1200倍液、50%对硫磷乳油1500倍液等药剂防治。

附表1　防治枫香病害部分农药的使用方法

农药名称	含量与剂型	稀释倍数	主要防治对象	施药方法
多菌灵（carbendazim）	50%可湿性粉剂	400~800倍液	叶部病害	喷雾
多菌灵	50%可湿性粉剂	1000倍液	根部病害	苗圃发病初期浇灌
苯醚甲环唑（difenoconazole）	10%水分散粒剂	4000~5000倍液	炭疽病	喷雾
吡唑醚菌酯（pyraclostrobin）	25%乳油	2000~2500倍液	叶部病害	喷雾
代森锌（zineb）	65%可湿性粉剂	600~800倍液	叶部病害	喷雾
代森锰锌（mancozeb）	80%可湿性粉剂	700倍液	炭疽病	喷雾
代森铵（amobam）	50%水剂	500倍液	根部病害	病苗菌核形成之前浇灌
百菌清（chlorothalonil）	75%可湿性粉剂	800~1000倍液	叶部病害	喷雾
甲基托布津（甲基硫菌灵thiophanate-methyl）	70%可湿性粉剂	800~1500倍液	叶部病害	喷雾
甲基托布津	70%可湿性粉剂	1000倍液	根部病害	苗圃发病初期浇灌
苯菌灵（benomyl）	50%可湿性粉剂	1000~1500倍液	叶部病害	喷雾
十三吗啉（tridemorph）	75%乳油	2000~3000倍液	叶部病害	喷雾
腈苯唑（fenbuconazole）	12.5%乳油	2000~3000倍液	叶部病害	喷雾
氟硅唑（flusilazole）	40%乳油	2000倍液	炭疽病	喷雾
敌磺钠（fenaminosulf）	75%可湿性粉剂	300~500倍液	根部病害	苗圃发病初期浇灌
石硫合剂（lime sulphur）	45%晶体	200~400倍液	叶部病害 螨、蚧等	春秋季喷雾
石硫合剂	45%晶体	800~1000倍液	叶部病害 螨、蚧等	夏季喷雾，高温天气要慎用
石灰半量式波尔多液（bordeaux mixture）	0.6%	50~100倍液	干部病害	涂干、伤口处理
石灰半量式波尔多液	0.6%	200~300倍液	叶部病害	喷雾

附表2　防治枫香害虫部分农药的使用方法

中文名	剂型与含量	稀释倍数	主要防治对象	施药方法
敌敌畏	80%乳油	1000~1500倍液	叶、梢部害虫	喷雾
敌敌畏	80%乳油	50~100倍液	蛀干害虫	注孔
乐果	40%乳油	1000~1500倍液	叶、梢部害虫	喷雾
乐果	40%乳油	30~50倍液	蛀干害虫	注孔
杀螟硫磷	50%乳油	1000~1500倍液	叶、梢部害虫	喷雾

（续）

中文名	剂型与含量	稀释倍数	主要防治对象	施药方法
喹硫磷	25%乳油	1500~2500倍液	叶、梢部害虫	喷雾
辛硫磷	50%乳油	1000~2000倍液	叶、梢部害虫	喷雾
马拉硫磷	50%乳油	1000~1500倍液	叶、梢部害虫	喷雾
亚胺硫磷	25%乳油	800~1000倍液	叶、梢部害虫	喷雾
氯吡硫磷	48%乳油	1000~1500倍液	蚧、蝽、蝉、蚜虫等刺吸式害虫	喷雾
敌百虫	90%晶体	800~1000倍液	叶、梢部害虫	喷雾
稻丰散	50%乳油	1000倍液	蚧虫类	喷雾
杀螟丹	98%可溶性粉剂	1000~2000倍液	叶、梢部害虫	喷雾
除虫脲	20%悬浮剂	1000~2000倍液	叶、梢部害虫	喷雾
灭幼脲Ⅲ号	25%乳油	800~1000倍液	叶、梢部害虫	喷雾
氰氟虫腙	24%悬浮剂	800~1000倍液	叶、梢部害虫	喷雾
啶虫脒	3%乳油	1000~2000倍液	蚧、蝽、蝉、蚜虫等刺吸式害虫	喷雾
啶虫隆	5%乳油	2000倍液	蚧、蝽、蝉、蚜虫等刺吸式害虫	喷雾
吡虫啉	10%可湿性粉剂	2000~3000倍液	蚧、蝽、蝉、蚜虫等刺吸式害虫	喷雾
噻虫嗪	25%水分散性粒剂	5000~10000倍液	蚧、蝽、蝉、蚜虫等刺吸式害虫	喷雾
噻虫啉	2%微胶囊悬浮剂	200倍液	卷叶象等鞘翅目害虫	喷雾
茚虫威	15%乳油	2000倍液	叶、梢部害虫	喷雾
异丙威	20%乳油	500~800倍液	蚧、蝽、蝉、蚜虫	喷雾
抗蚜威	50%可湿性粉剂	3000~4000倍液	蚧、蝽、蝉、蚜虫	喷雾
灭蚜松	50%乳油	1000~1500倍液	蚧、蝽、蝉、蚜虫	喷雾
吡蚜酮	25%可湿性粉剂	2500~3000倍液	蚧、蝽、蝉、蚜虫等	喷雾
联苯菊酯	2.5%乳油	4000~5000倍液	象甲、蝉、蚧、蚜虫、蛾类	喷雾
氯氰菊酯	10%乳油	4000~6000倍液	蛾类、蚧、蝽、蝉、蚜虫	喷雾
氯氟氰菊酯	2.5%乳油	4000~6000倍液	蛾类、蝉、蚧、蚜虫	喷雾
顺式氯氰菊酯	5%乳油	4000~5000倍液	蛾类、蝉等	喷雾
氯菊酯	10%乳油	6000~10000倍液	叶、梢部害虫	喷雾
溴氰菊酯	2.5%乳油	2500~4000倍液	叶、梢部害虫	喷雾
氟丙菊酯	2%乳油	2000~4000倍液	蝉、蚧、蝽、蚜虫	喷雾

（续）

中文名	剂型与含量	稀释倍数	主要防治对象	施药方法
噻螨酮	5%乳油	1500~3000倍液	蝉、蚧、蝽、蚜虫	喷雾
双甲脒	20%乳油	1000~2000倍液	蝉、蚧、蝽、蚜虫	喷雾
石硫合剂	45%晶体	150~200倍液	蚧、螨、叶部病害等	喷雾
苦参碱	0.36%乳油	1000~1500倍液	蛾类	喷雾
苦参碱	0.36%乳油	500~800倍液	蝉、蚧、蝽、蚜虫	喷雾
印楝素	0.3%乳油	500~800倍液	蛾类、蝉、蚧、蝽、蚜虫	喷雾
鱼藤酮	2.5%乳油	300~500倍液	蛾类、蝉、蚧、蝽、蚜虫	喷雾
烟碱	10%乳油	800倍液	蛾类、蝉、蚧、蝽、蚜虫	喷雾
苦皮藤素	1%乳油	750倍液	蝉、蚧、蝽、蚜虫	喷雾
多杀菌素	2.5%悬浮剂	500~700倍液	蛾类、蝉、蚧、蝽、蚜虫	喷雾
甲氨基阿维菌素苯甲酸盐	1%乳油	2000倍液	蛾类	喷雾
敌死虫	99.1%乳油	200倍液	虫、螨、病	喷雾
矿物油绿颖		100倍液	蝉、蚧、蝽、蚜虫	喷雾
球孢白僵菌	80亿~100亿孢子/g粉剂	7.5~10.5kg/hm^2	食叶害虫低、中龄幼虫为主	预防为主，喷粉或施放等量粉炮
球孢白僵菌		10^7~10^8孢子/mL悬浮液	食叶害虫低、中龄幼虫为主	喷雾
金龟子绿僵菌	60亿~70亿孢子/g粉剂	7.5~10.5kg/hm^2	幼虫在地面或土中化蛹的昆虫	喷粉或与填充料混合撒施，垦覆前施菌为佳
苏云金杆菌制剂	1600国际单位	1000倍液	蛾类	喷雾
茶尺蠖病毒制剂	0.2亿PIB/mL	1000倍液	茶尺蠖	喷雾

参考文献

陈碧莲，孙全兴，李慧萍，等. 2006. 上海地区绿尾大蚕蛾生物学特性及其防治[J]. 上海交通大学学报：农业科学版，24（4）：390-393.

陈镈尧. 1994. 黄翅大白蚁蚁后卵巢长度、体积、卵巢管数与整巢蚁数相关性研究[J]. 白蚁科技，11（2）：9-12.

陈镈尧，周维，庞正平，等. 2009. 我国土白蚁发生危害与治理[J]. 中华卫生杀虫药械，15（5）：418-421.

陈汉林，王根寿，陈正国. 1997. 波纹杂毛虫生物学特性与防治措施[J]. 陕西林业科技（1）：49-51.

陈汉林. 1995. 缀叶丛螟的发生规律与防治研究[J]. 植物保护，21（4）：24-26.

陈连根. 1994. 棉蚜为害菊花的生物学观察[J]. 昆虫知识，31（4）：108.

陈树仁，吴振廷，郑太木，等. 1991. 山茱萸害虫——绿尾大蚕蛾的初步研究[J]. 中药材，14（4）：3-7.

陈顺立，童文钢，李友恭. 1994. 钩翅尺蛾生物学特性及防治研究[J]. 林业科学研究，7（1）：101-105.

陈一心，齐石成，江凡. 2001 毒蛾科. //黄邦侃. 福建昆虫志（第五卷）[M]. 福州：福建科学技术出版社，559，574-575，580，585.

陈一心. 1999. 中国动物志（昆虫纲第16卷鳞翅目夜蛾科）[M]. 北京：科学出版社，941.

陈忠泽，纪春福，杨福清，等. 1990. 黑眉刺蛾生物学特性的初步研究[J]. 林业科技通讯（11）：23-25.

崔林，刘月生. 2005. 茶园扁刺蛾的发生及防治[J]. 中国茶叶（2）：21.

丁锦华，傅强. 1995. 棉蚜有性世代观察[J]. 昆虫知识，32（3）：141-143.

董邦香. 2009. 杨梅绿尾大蚕蛾的发生与防治[J]. 湖南林业（6）：33.

杜万光，赵阳，焦进卫. 2011. 缀叶丛螟危害黄栌的发生规律及防治技术[J]. 现代农业科技（7）：180-181.

范国成，李本金. 1996. 白蚁在福建省的发生与防治[J]. 福建果树（4）：26-27.

方惠兰，廉月琰. 1980. 樟蚕生活史及生活习性初步观察[J]. 浙江林业科技（2）：37-40.

方加兴，孟宪鹏，申卫星，等. 2016. 泰山刺角天牛记述[J]. 山东农业大学学报：自然科学版，47（1）：57-59.

方育卿. 1986. 庐山蛾类区系研究[J]. 动物学研究，7（2）：147-150.

高旭晖，宛晓春，杨云秋，等. 2007. 茶尺蠖生物学习性研究[J]. 植物保护，33（3）：110-112.

高玉梅，蒋立峰，于桂华，等. 2011. 栎毒蛾生物学特性及防治方法的研究[J]. 中国林副特产（4）：36-37.

顾华，孙兴全，陈斌. 2009. 茶长卷蛾在樟树上发生规律及防治[J]. 安徽农学通报，15（20）：98，134.

郭在滨，曹卫领，赵爱国，等. 1999. 线茸毒蛾幼虫空间分布型及抽样技术研究[J]. 河南林业科技，19（4）：19-21.

郝为全，李吉振，杨怀光，等. 1992. 栎毒蛾生物学特性及杀卵试验[J]. 山东林业科技（3）：40-43.

何彬，彭树光，何根跃，等. 1991. 绿尾大蚕蛾生物学特性及其防治[J]. 昆虫知识，28（6）：353-354.

何学友. 2016. 油茶常见病及昆虫原色生态图鉴[M]. 北京：科学出版社，39，79，88，130，141，151.

侯陶谦，汪家社. 2001. 枯叶蛾科. //黄邦侃. 福建昆虫志（第五卷）[M]. 福州：福建科学技术出版社，594.

黄翠琴. 2006. 波纹杂毛虫生物学特性的研究[J]. 西北林学院学报，21（4）：105-108.

黄海，董昌金. 2006. 绿僵菌的培养及其防治白蚁的效果[J]. 湖北农业科学，45（1）：62-64.

黄家德，丘凤波. 1991. 缀叶丛螟为害盐肤木的研究初报[J]. 广西植保（3），20-22.

黄健屏，王学兰. 1985. 波纹杂毛虫核多角体病毒DNA的研究[J]. 中南林学院学报（5）：51-53.

黄健屏. 1987. 波纹杂毛虫核多角体病毒的研究[J]. 林业科学，23（4）：443-447.

黄金水，何学友，蔡天贵，等. 1989. 棕色天幕毛虫生物学特性及防治试验[J]. 福建林业科技（1）：34-37.

嵇保中，刘曙雯，居峰，等. 2002. 白蚁防治药剂述评[J]. 林业科技开发，16（4）：3-5，24.

蒋三登，王桂欣. 1989. 刺角天牛生物学特性及防治研究[J]. 山东林业科技（3）：45-50.

靳青. 2010. 裸腹小白巢蛾 *Thecobathra partinuda* Fan，Jin et Li雌性记述及小白巢蛾属世界名录（鳞翅目：巢蛾科）[J]. 中国科技论文在线，http：//www.paper. edu. cn

景河铭，黄定芳. 1989. 波纹杂毛虫生活习性及防治方法的研究[J]. 四川林业科技，10（3）：37-40.

柯云玲，田伟金，庄天勇，等. 2008. 国内外林木白蚁研究概述[J]. 中国森林病虫，27（5）：25-29.

柯云玲，田伟金，庄天勇，等. 2011. 林木白蚁的生物防治和生物源农药防治研究进展[J]. 环境昆虫学报，33（3）：396-404.

雷冬阳，黄益鸿. 2003. 绿尾大蚕蛾生物学特性及其防治[J]. 湖南农业科技（2）：52-54.

李本珍，赵季秋，李典茉，等. 1986. 棉花伏蚜发育起点有效积温及生殖频率的年龄分布的研究[J]. 生态学报，6（3）：248-252.

李超飞，刘磊，刘怀宇. 2012. 枫香的病虫害调查及综合防治技术[J]. 现代园艺（10）：155.

李存钦，程爱英，王红森，等. 1998. 茶翅蝽和麻皮蝽的防治技术[J]. 植物医生，11（1）：17-18.

李国元，邓青云，华光安，等. 2005. 红栀子园两种主要害虫咖啡透翅天蛾和茶长卷叶蛾的生物学特性及防治[J]. 昆虫知识，42（4）：400-403.

李柳. 1994. 樟树新害虫——窃达刺蛾[J]. 福建林学院学报，14（3）：285-286.

李天奇，周靖，胡钟予，等. 2016. 枫香新害虫武夷山曼盲蝽及其与樟曼盲蝽的区别[J]. 中国森林病虫（4）：8-11.

李文龙. 2010. 栎毒蛾生物学特性及防治方法[J]. 吉林林业科技，39（4）：58-60.

李友恭，陈顺立，康文兴. 1990. 食物对樟蚕幼虫生长发育的影响[J]. 福建林学院学报，10（1）：63-66.

李友恭，陈顺立，林思明. 1982. 福建省天蛾科昆虫目录[J]. 福建林学院科技（2）：45-53.

李友恭，陈顺立，张潮巨. 1995. 中国樟树害虫[M]. 北京：中国林业出版社，75-77.
李兆玉，程留根，孟建铭，等. 1995. 茶长卷蛾在水杉上发生规律与防治[J]. 江苏林业科技，22（3）：31-33.
廉月琰，方慧兰. 1992. 绿尾大蚕蛾. //萧刚柔. 中国森林昆虫（第2版）[M]. 北京：中国林业出版社，990-991.
林少和. 2003. 茶尺蠖的发生规律及防治方法[J]. 福建农业科技（10）：32-33.
林石明，廖富荣，陈红运，陈青，陈华忠. 2012.台湾褐根病发生情况及研究进展[J].植物检疫，26（6）:54-60.
林曦碧. 2009. 缀叶丛螟危害南酸枣的发生规律及防治措施[J]. 林业调查规划（2）：73-75.
林毓鉴，章士美，林征. 1999a.蝽科. //黄邦侃. 福建昆虫志（第二卷）[M].福州：福建科学技术出版社，73.
林毓鉴，章士美，林征. 1999b.盾蝽科. //黄邦侃. 福建昆虫志（第二卷）[M].福州：福建科学技术出版社，41-42.
刘剑，舒金平，华正媛，等. 2012. 环茸毒蛾生物学特性初报[J]. 林业科学研究，25（4）：535-539.
刘江伟，解奇，赵宸，等. 2014. 枫毒蛾的初步研究[J]. 安徽农业科学，42（24）：8223-8224，8228.
刘清虎，史兆兰，李艳芳. 2000. 缀叶丛螟危害胡桃楸的生物学特性与防治[J]. 森林病虫通讯（2）：21-23.
刘仁骐. 1988. 樟蚕生活史的初步观察[J]. 云南林业科技（1）：62-63.
刘向东，张立建，张孝曦，等. 2002. 棉蚜对寄主的选择及寄主专化性研究[J]. 生态学报，22（8）：1281-1285.
刘永生，胡波，张清良，等. 1999. 八点广翅蜡蝉生物学特性与防治初报[J]. 湖北林业科技（2）：29-30.
刘友樵，武春生. 2006. 中国动物志（昆虫纲第47卷 鳞翅目枯叶蛾科）[M]. 北京：科学出版社.
刘友樵. 1980. 中国小白巢蛾属的研究（鳞翅目巢蛾科）[J]. 昆虫分类学报，11（1）：33-40.
刘友樵. 卷蛾科. 2001.//黄邦侃. 福建昆虫志（第五卷）[M]. 福州：福建科学技术出版社，37.
刘泽光，何双凌. 1992. 依兰害虫蝉网蛾及其防治[J]. 云南热作科技，15（4）：26-27.
卢川川，沈集增. 1992.黑翅土白蚁. //萧刚柔. 中国森林昆虫（第2版）[M]. 北京：中国林业出版社，162-168.
卢川川. 1992 黄翅大白蚁. //萧刚柔. 中国森林昆虫（第2版）[M]. 北京：中国林业出版社，157-159.
陆承彰. 1996. 棕色天幕毛虫的发生与防治[J]. 安徽林业（6）：21.
吕俐宾，腾有为，祝黔江. 2000. 茶长卷叶蛾性信息素的合成[J]. 山地农业生物学报，19（1）：46-49.
马归燕. 1992. 缀叶丛螟. //萧刚柔.中国森林昆虫（第2版）[M]. 北京：中国林业出版社，878-879.
马归燕. 2000. 漆树缀叶螟生物学特性及防治措施[J]. 辽宁林业科技（6）：6-7.
马归燕. 2001. 缀叶丛螟生物学特性观察与防治措施[J]. 陕西林业科技（1）：32-34.
梅志坚. 2004. 茶树碧蛾蜡蝉的发生与防治[J]. 茶叶科学技术（3）：43.
孟绪武. 2001.天蛾科. //黄邦侃，福建昆虫志（第五卷）[M]. 福州：福建科学技术出版社，301-319.

潘爱芳，何学友，韩辉林. 2018. 中国大陆新记录种：红伊夜蛾[J]. 亚热带农业研究，14（3）：195-197.
潘爱芳，何学友，曾丽琼，等. 2017. 危害枫香的6种刺蛾（鳞翅目刺蛾科）记述[J]. 福建林业（2）：22-26.
潘爱芳，黄以平，何学友，等. 2016. 枫香害虫名录及3种主要害虫的防治方法[J]. 防护林科技（8）：106-109.
潘爱芳，黄以平，曾丽琼，等. 2017. 枫天蛾生物学特性的初步研究[J]. 中国森林病虫，36（6）：18-21.
潘爱芳. 2018. 福建枫香害虫发生现状与防治对策[J]. 武夷科学，34：（在版中）.
彭锦云，胡凤英，刘宵. 2009. 杨树绿尾大蚕蛾生物学特性与防治技术[J]. 农业与技术，29（6）：101-103.
齐石成，江凡，梁茂龙. 2001 刺蛾科. //黄邦侃.福建昆虫志（第五卷）[M]. 福州：福建科学技术出版社，240，244，246，247，278.
秦文. 2014. 贵州布依族枫香染制作技术传承与影响因素研究[D]. 重庆：西南大学.
邵爱娥，黄国平，吕远军，等. 2006. 板栗剪尾材小蠹虫生物学特性观察[J]. 湖北林业科技（5）：33-34.
宋士美. 2001a.斑蛾科. //黄邦侃. 福建昆虫志（第五卷）[M]. 福州：福建科学技术出版社，227.
宋士美. 2001b.螟蛾科. //黄邦侃. 福建昆虫志（第五卷）[M]. 福州：福建科学技术出版社，138，190，192.
宋新强，谢杰，冀国军. 2000. 中国绿刺蛾的无公害防治[J]. 林业科技（5）：26-28.
孙巧云，赵自成. 1990. 线茸毒蛾生活习性观察研究[J]. 江苏林业科技（2）：39-40，48.
万方珍. 2008. 长沙市园林植物主要害虫发生情况及其防治[D]. 湖南：湖南农业大学.
汪广，章士美. 1953. 扁刺蛾的初步研究[J]. 昆虫学报，3（5）：309-318.
王穿才. 2008. 黄翅大白蚁生物学习性及防治技术[J]. 中国森林病虫，27（6）：15-16，26.
王定锋，王庆森，吴光远. 2013. 茶尺蠖病毒研究进展[J]. 茶叶科学技术（4）：1-5.
王福超，杨爱东，汪俊，等. 1992. 线茸毒蛾的生物学特性及防治方法的研究[J]. 安徽林业科技（4）：14-16.
王洪建，李萍，何顺利. 2006. 甘肃陇南市油橄榄树半翅目昆虫初记[J]. 甘肃林业科技，31（40）：33-37.
王林瑶. 2001a.网蛾科. //黄邦侃. 福建昆虫志（第五卷）[M]. 福州：福建科学技术出版社，251.
王林瑶. 2001b.大蚕蛾科. //黄邦侃. 福建昆虫志（第五卷）[M]. 福州：福建科学技术出版社，294，295，297-298.
王鸣凤，陈柏林，吴莉莉，等. 1997. 棕色天幕毛虫的危害习性及防治方法[J]. 林业科技开发（4）：51-52.
王小玉. 2008.华南地区枯叶蛾科Lasiocampidae分类研究[D]. 广州：华南农业大学.
魏美才，聂海燕. 1977. 中国粘叶蜂属新种记述（膜翅目：凹颜叶蜂科）[J]. 中南林学院学报，17（增刊）：77-83.
魏美才，聂海燕. 2003. 凹颜叶蜂科. //黄邦侃. 福建昆虫志（第七卷）[M]. 福州：福建科学技术出版社，42.
吴德龙，王建国，魏洪义，等. 1999. 黄翅大白蚁地面裸露采食习性的观察[J]. 江西植保，22

（3）：1-3.
吴志远，黄跃坚，林继兴. 1987. 樟蚕核多角体病毒的生物测定及林间小区试验[J]. 林业科学，23（2）：232-235.
吴志远. 1990. 线茸毒蛾的生物学和防治[J]. 昆虫知识，27（2）：107-110.
伍有声，高泽正. 2004. 危害多种热带果树的新害虫——黄褐球须刺蛾[J]. 中国南方果树，33（5）：47-48.
武春生，方承莱. 2009. 中国眉刺蛾属分类研究（鳞翅目：刺蛾科）[J]. 昆虫学报，52（5）：561-566.
武春生，方承莱. 2010. 河南昆虫志. 鳞翅目. 刺蛾科、枯叶蛾科、舟蛾科、灯蛾科、毒蛾科、鹿蛾科[M]. 北京：科学出版社，14-15，18-19，27-28，38-39，66-67，70-71，505-507.
武三安. 2001. 粉蚧科. //吴鸿，潘承文. 天目山昆虫[M].北京：科学出版社，250-259.
夏英三，万连步. 2014. 茶尺蠖生物学特性初步研究[J]. 安徽农业科学，42（29）：10175-10176.
肖坤佳，舒清焕. 1984. 波纹杂毛虫生物学特性的研究[J]. 中南林学院学报，4（1）：59-64.
徐丽君，和桂青，杜喜翠. 2015. 画稿溪自然保护区斑野螟亚科昆虫区系研究[J]. 西南大学学报：自然科学版，37（7）：75-81.
徐志德，李德运，周贵清，等. 2007. 黑翅土白蚁的生物学特性及综合防治技术[J]. 昆虫知识，44（5）：763-768.
薛大勇. 2001.尺蛾科. //黄邦侃. 福建昆虫志（第五卷）[M]. 福州：福建科学技术出版社，339，350，356.
薛国杰，杜金友，赵秀芹. 1993. 中国绿刺蛾生物学特性观察和防治试验[J]. 河北农业技术师范学院学报，7（4）：73-77.
严衡元. 1992.扁刺蛾. //萧刚柔. 中国森林昆虫（第2版）[M]. 北京：中国林业出版社，793-794.
杨军，陈培昶. 2008. 葡萄座腔菌对引进大规格色叶观赏乔木的为害及其治理[J]. 中国植保导刊（2）：25-27.
杨民胜. 1992. 窃达刺蛾. //萧刚柔. 中国森林昆虫（第2版）[M]. 北京：中国林业出版社，780-781.
杨燕燕，曲志霞. 2014. 缀叶丛螟的发生与防治技术[J]. 安徽农业科学，42（5）：1358，1360.
杨云秋，宛晓春，郑高云，等. 2008. 茶尺蠖性行为习性初报[J]. 中国农学通报，24（2）：339-342.
叶祖祥，周志方，许尧新. 1996. 削尾材小蠹的生物学特性及防治[J]. 应用昆虫学报（5）：280-281.
殷蕙芬，黄复生，李兆麟. 1984. 中国经济昆虫志（第29册）[M].北京：科学出版社，168-169.
余金良，楼晓明，章银柯，等. 2014. 杭州西湖风景名胜区主要古树病虫害调查及防治方法研究[C]. 中国观赏园艺研究进展，538-544.
虞国跃. 2015. 北京蛾类图谱[M]. 北京：科学出版社，62.
喻爱林，单继红，涂业苟，等. 2006. 油茶高产无性系碧蛾蜡蝉的生物学特性及防治[J]. 江西植保，29（4）：181-182.
喻爱林. 2007. 油茶八点广翅蜡蝉的生物学特性观察及防治[J]. 江西林业科技（3）：34-35.
袁波，莫怡琴. 2006. 绿尾大蚕蛾的人工饲养[J]. 安徽农业科学，34（6）：1092-1093.

袁波，莫怡琴. 2007. 绿尾大蚕蛾生物学特性观察及防治技术[J]. 农技服务，24（7）：56.
袁海滨，刘影，沈迪山，等. 2004. 绿尾大蚕蛾形态及生物学观察[J]. 吉林农业大学学报，26（4）：431-433.
袁嗣令. 1997. 中国乔、灌木病害[M]. 北京：科学出版社.
张广学，乔格侠，钟铁森. 1999. 蚜科. //黄邦侃. 福建昆虫志（第二卷）[M]. 福州：福建科学技术出版社，577.
张汉鹄，黄邦侃. 2001. 蓑蛾科. //黄邦侃. 福建昆虫志（第五卷）[M]. 福州：福建科学技术出版社，232.
张汉鹄，谭济才. 2004. 中国茶树害虫及其无公害治理[M]. 合肥：安徽科学技术出版社，177，196，200，214，269，272.
张家利，车永贵，高春风，等. 1998. 栎毒蛾生物学特性和种群发生动态的研究[J]. 吉林林业科技（3）：7-10.
张灵玲，关雄. 2004. 茶长卷叶蛾的生物学特性及其防治[J]. 中国茶叶（5）：4-5.
张小亚，黄振东. 2011. 柑橘八点广翅蜡蝉若虫形态特征及防治[J]. 浙江柑橘，28（4）：29-30.
张云霞，鲁海菊，陈润琼，等. 2005. 草果叶斑病和枫香干腐病的病原菌鉴定[J]. 云南农业大学学报，20（3）：438-440.
张志耘，路安民. 1995. 金缕梅科：地理分布、化石历史和起源[J]. 植物分类学报，33（4）：313-319.
赵仲苓. 2003. 中国动物志（昆虫纲第30卷 鳞翅目毒蛾科）[M]. 北京：科学出版社，180-181.
周红春，李密，鲍政，等. 2010. 湖南发现两种新的茶树象甲害虫[J]. 江西植保，33（3）：117-118.
周建华，肖银波，肖育贵，等. 2010. 西南地区麻疯树人工林有害生物种类及化学控灾技术[J]. 中国森林病虫（1）：15-18.
周世芳. 1994. 油桐丽盾蝽生物学特性[J]. 广西植保（4）：12-14.
周伟平. 2008. 普陀山古枫香树蛀干害虫刺角天牛的防治实例[J]. 浙江林业（10）：29.
周性恒，李永敬，林玉珠. 1985. 中国绿刺蛾（*Parasa sinica* Moore）质型多角体病毒的研究[J]. 南京林学院学报（4）：138-143.
周性恒，李兆玉，朱洪兵. 1993. 茶长卷蛾的生物学与防治[J]. 南京林业大学学报：自然科学版，17（3）：48-53.
周尧，王应伦，黄邦侃，等. 1999. 蜡蝉总科. //黄邦侃. 福建昆虫志（第二卷）[M]. 福州：福建科学技术出版社，411，420.
朱弘复，王林瑶. 1980. 中国天蛾科新种记述[J]. 动物分类学报，5（4）：418-426.
朱弘复，王林瑶. 1997. 中国动物志（昆虫纲第11卷鳞翅目天蛾科）[M]. 北京：科学出版社，312-313.
朱弘复，王林瑶.1996.中国动物志（昆虫纲第5卷鳞翅目蚕蛾科、网蛾科）[M]. 北京：科学出版社，226.
朱弘复，王林瑶，方承莱. 1979. 蛾类幼虫图册（一）[M]. 北京：科学出版社，16.
朱俊庆. 1981a. 茶硬胶蚧的防治阈值[J]. 中国茶叶（5）：28-29.
朱俊庆. 1981b. 茶硬胶蚧形态、习性及防治的研究[J]. 植物保护学报，8（3）：187-192.

Ainsworth G C, Sparrow F K, Sussman A S. 1973. The Fungi, IV A+B, AP [M]. London and New York.

Ann P J, Chang T T, and Ko W H. 2002. *Phellinus noxius* brown root rot of fruit and ornamental trees in Taiwan [J]. Pl. Dis. 86: 820-826.

Braun U, and Cook R T A. 2012. Taxonomy manual of the Erysiphales (powdery mildews) [M]. CBS Biodivers. Ser. 11: 703.

Braun U, Crous P W, and Nakashima C. 2015. Cercosporoid fungi (Mycosphaerellaceae) 4. Species on dicots (Acanthaceae to Amaranthaceae)[J]. IMA Fungus 6(2): 373-469.

Chang C Q, Cheng Y, Xiang M M, Jiang Z D, and Chi P K. 2005. New species of *Phomopsis* on woody plants in Fujian province[J]. Mycosystema 24: 6-11.

Chen M M. 2002. Forest fungi phytogeography: Forest fungi phytogeography of China, North America, and Siberia and international quarantine of tree pathogens[M]. Pacific Mushroom Research and Education Center, Sacramento, California.

Gao L, Li Y, Xu Y, et al. 2017. *Acanthotomicus* sp.(Coleoptera: Curculionidae: Scolytinae), a new destructive insect pest of North American sweetgum *Liquidambar styraciflua* in China [J]. Journal of Economic Entomology, 110(4): 1592-1595.

Gao Y, Liu F, Duan W J, Crous P W, and Cai L. 2017. *Diaporthe* is paraphyletic [J]. IMA Fungus 8(1): 153-187.

Holloway D. 1985. The Moths of Borneo. Part 14: Family Noctuidae:Subfamilies Euteliinae, Stictopterinae, Plusiinae, Pantheinae[J]. Malayan Nature Journal, 38:157-317.

Kononenko V S, Pinratana A. 2005. Moths of Thailand, Vol. 3. Noctuidae: An Illustrated Catalogue of the Noctuidae (Insecta, Lepidoptera) in Thailand: Part 1.[M]. Bangkok: Brothers of St. Gabriel in Thailand, 2-261.

Landi L, Gómez D, Celina L. Braccini c L, et al. 2017. Morphological and molecular identification of the invasive *Xylosandrus crassiusculus* (Coleoptera: Curculionidae: Scolytinae) and its South American range extending into Argentina and Uruguay[J]. Annals of the Entomological Society of America, 110(3): 344–349, https://doi.org/10.1093/aesa/sax032.

Lu B, Hyde K D, Ho W H, Tsui K M, Taylor J E, Wong K M, Yanna and Zhou D. 2000. Checklist of Hong Kong fungi[M]. Fungal Diversity Press, Hong Kong.

Maharachchikumbura S S N, Hyde K D, Groenewald J Z, et al. 2014. *Pestalotiopsis* revisited [J]. Studies in Mycology, 79:121-186.

Pennacchio F, Roversi P F, Francardi V, et al. 2003. *Xylosandrus crassiusculus* (Motschulsky) a bark beetle new to Europe (Coleoptera Scolytidae)[J]. Redia, 86: 77-80.

Pittaway A R,Kiching I J. 2000. Notes on selected species of hawk moths(Lepidoptera:Sphingidae) from China, Mongolia and Korean Peninsula[J]. Tinea, 16(3):170-211.

Schiefer T L,Bright D E. 2004. Xylosandrus mutilatus (Blandford), an exotic ambrosia (Coleoptera: Curculionidae: Scolytinae: Xyleborini) new to North America[J]. Coleopterists Bulletin, 3: 431-438.

Walker F. 1862. Catalogue of the heterocerous lepidopterous insects collected at sarawak, in Borneo, by Mr. A. R. Wallace, with Descriptions of New Species [J]. Journal of the Proceedings of the Linnean Society of London. Zoology, 6: 82-145.

Wood S L, Bright D E. 1992.A catalog of Scolytidae and Platypodidae (Coleoptera), Part 2: Taxonomic Index[J].

Great Basin Naturalist Memoirs, 13:1-833 (vol. A, B)

Wu C S, Fang C L. 2008. A review of the genera *Phlossa* Walker and Iragoides Hering in China (Lepidoptera:Limacodidae) [J]. Acta Entomologica Sinica, 51(7): 753-760.

Wu C S, Fang C L. 2009. A review of the genus *Narosa* Walker in China (Lepidoptera: Limacodidae)[J]. Acta Entomologica Sinica, 52(5): 561-566.

Zahiri R, Kitching I J, Lafontaine J D, et al. 2011. A new molecular phylogeny offers hopclassifi cation of the Noctuoidea (Lepidoptera)[J]. Zoologica Scripta, 40 (2):158–173.

Zhuang W Y, Ed. 2001. Higher fungi of tropical China[M]. Mycotaxon, Ltd., Ithaca, NY.

中文名称索引

拉丁学名索引